煤炭资源与安全开采国家重点实验室自主研究项目资助（SKLCRSM12X03）
国家自然科学基金项目资助（50774079）

两柱掩护式
综放支架与围岩的相互作用关系

刘长友　杨培举　著

U0338149

中国矿业大学出版社

内 容 提 要

本书分析了四柱支撑掩护式放顶煤液压支架的承载特征及现场应用中存在问题,系统介绍了两柱掩护式放顶煤支架与围岩相互作用关系的新近研究成果,内容包括:两柱掩护式综放液压支架的架型特点、该架型与围岩的相互作用规律、承载特征、受放煤工序影响的动态稳定性,两柱掩护式综放支架工作面的矿压显现规律,该架型对端面顶煤的控制作用机理以及现场应用实践及其适应性等。

本书可供从事采矿、安全、设计等领域的科技工作者、高等院校师生和煤矿生产管理者参考。

图书在版编目(CIP)数据

两柱掩护式综放支架与围岩的相互作用关系/刘长友,杨培举著.—徐州:中国矿业大学出版社,2017.11

ISBN 978-7-5646-3794-1

Ⅰ.①两… Ⅱ.①刘… ②杨… Ⅲ.①巷道支护—关系—巷道围岩—研究 Ⅳ.①TD353②TD263

中国版本图书馆 CIP 数据核字(2017)第 294112 号

书　　名	两柱掩护式综放支架与围岩的相互作用关系
著　　者	刘长友　杨培举
责任编辑	王美柱
出版发行	中国矿业大学出版社有限责任公司
	(江苏省徐州市解放南路　邮编 221008)
营销热线	(0516)83884103　83885105
出版服务	(0516)83995789　83884920
网　　址	http://www.cumtp.com　E-mail:cumtpvip@cumtp.com
印　　刷	江苏淮阴新华印刷厂
开　　本	787×960　1/16　印张10　字数196千字
版次印次	2017 年 11 月第 1 版　2017 年 11 月第 1 次印刷
定　　价	36.00 元

(图书出现印装质量问题,本社负责调换)

前　言

　　综放开采是我国厚及特厚煤层实现安全高效开采的主要工艺方式,自 20 世纪 80 年代初期在我国试验应用以来,综放开采技术已经走过了 30 多年的历程,经历了探索阶段、推广完善提高阶段、技术成熟和高产高效发展阶段,随着大采高综放开采的应用,综放开采技术又进入了一个新的阶段。综放开采技术的应用,实现了厚及特厚煤层开采技术的革命性变革,使得在煤炭生产技术和效益低迷的 20 世纪 90 年代出现了技术与经济的复苏,使煤炭开采的技术优势逐步转变为成本优势,提高了生产矿井的安全与经济效益。

　　液压支架是综采工作面的重要设备之一,其投资约占综采工作面成套设备总投资的 60%。作为支护顶板、维护作业空间安全,而且与刮板运输机和采煤机相配套的液压支架,其架型的合理性和可靠性是决定综采成败的重要因素。

　　放顶煤液压支架的架型经历了从高位放顶煤支架、中位放顶煤支架到四柱式低位放顶煤支架的发展,三代放顶煤液压支架的研制和应用都带来了放顶煤技术的重大进步。现场实践表明,广泛应用的四柱式放顶煤液压支架在综放开采中发挥了重要作用。但是,大量的现场实测和应用也显现出了四柱式放顶煤液压支架在支架受力和可靠性方面普遍存在一些问题。例如,前后立柱受力不均衡、工作阻力利用率低、梁端水平力小、支架结构件易于损坏等。此外,四柱式放顶煤液压支架还存在结构和控制系统复杂、体积庞大、主要结构件强度低、移架速度慢、与电液控制系统配套适应性差等问题。这些问题不利于综放开采技术优势的进一步发挥,并阻碍了综放技术的进一步发展。为此,21 世纪初,兖矿集团率先提出研发两柱掩护式综放液压支架,并与煤炭科学研究总院和中国矿业大学合作,开展该架型的可行性论证、相关技术研讨以及架型的初步设计等工作。2004 年 12 月,30 架试验架型在兴隆庄煤矿 4301 工作面进行了井下工业性试验,试验取得了成功,并为后续该架型的整面装备应用奠定了基础。2007 年 3 月,国内设计制造的第一个自动化、信息化两柱掩护式综放工作面在东滩煤矿 1303 工作面进行了应用,应用取得了成功,达到了预期目标。两柱掩护式综放液压支架在兖州矿区的成功研发和应用,推动了综放技术的发展,并推广应用到了澳大利亚奥斯达煤矿等矿区的综放开采技术中,目前该架型已在我国多个矿区的综放工作面进行应用,取得了显著的技术效果和经济社会效益。本书即是结合兖州矿区的实际条件所进行的有关理论和现场研究成果。本书分为7章，包括绪论、四柱支撑掩护式低位综放液压支架的承载规律、两柱掩护式综放液压支架的架型特点及稳定性影响因素、两柱掩护式综放支架与围岩的相互作用规律、两柱掩护式综放支架的承载特征及其稳定性、两柱掩护式综放支架对端面顶煤的控制作用、现场应用实践及其适应性等。这些成果是针对两柱掩护式综放液压支架架型所开展的有关理论与技术方面的新近研究成果，体现了综放开采的研究前沿和发展方向。

本书内容的研究工作和出版得到了国家自然科学基金项目"综放开采顶煤的双区失稳及与两柱掩护式综放支架的相互作用研究"（编号：50774079）以及煤炭资源与安全开采国家重点实验室自主研究项目"特厚煤层大采高综放开采煤矸流场的结构效应及顶煤损失规律"（编号：SKLCRSM12X03）的资助。

本研究成果是研究团队与煤炭企业产学研合作的成果。感谢邹喜正教授、万志军教授在有关研究中给予的指导和帮助，感谢兖矿集团副总经理金太教授级高工对于现场研究所给予的大力支持、指导和帮助。感谢研究生刘奎、王振、吴锋锋、王美柱、鲁岩、王君、张宁波、杨敬轩等所做的有关研究工作。感谢兖矿集团技术中心、兴隆庄煤矿、东滩煤矿、综机租赁中心等单位的有关领导和工程技术人员，正是有了你们的大力支持和密切合作，保障了各项研究工作的顺利完成。

由于笔者水平所限，书中难免出现错误和不当之处，敬请同行专家和读者给予批评指正。

著　者

2017 年 6 月

目 录

1 绪 论

1.1 研究背景及意义

综采放顶煤开采技术自 1982 年在我国引进使用以来,经过 30 多年的应用实践,充分证明了它是开采厚及特厚煤层并实现高产高效的有效工艺方式,是厚煤层开采方法上的一次革命。随着放顶煤开采技术优势的充分发挥,其应用的地质条件和范围在不断扩大。而且综采放顶煤工作面的高产高效不断创新和保持着我国长壁工作面高产高效的最高纪录。1998 年,全国综放产量达到 7 000 万 t,在全国 64 个百万吨综采队中,综放队有 22 个,其中有 9 个队达到年产 200 万 t 以上,占全国年产 200 万 t 以上综采队的 81.8%,最高回采工效达 235 t/工。1999 年,兖矿集团综放队年产量达到了 540 万 t,刷新了该队 1998 年创造的 501 万 t 的全国纪录。

兖州矿区是我国实行综采放顶煤开采技术较早的矿区之一。自 1992 年开始,兖矿集团经过 10 年多的开拓创新,使综放开采这种有争议的开采方法成为一种技术成熟、高产高效的先进开采方法,使我国厚煤层开采进入一个全新的发展时期。综放开采技术在兖州矿区的推广应用,极大地促进了兖州矿区煤炭开采技术水平的提高,为企业创造了巨大的效益,同时,通过对综放开采技术不断深入的研究和发展,带动了我国放顶煤开采技术水平的发展和提高,并使兖州矿区综放开采技术达到世界领先水平,为煤炭工业的发展做出了重大贡献。煤炭行业"九五"攻关重点项目"缓倾斜特厚煤层高产高效综放开采成套技术与装备研究"的完成以及"十五"期间国家技术创新项目"600 万 t 综放工作面设备配套与技术研究"的实施,使兖州矿区综放开采技术跃上了一个新台阶。工作面单产和效益再上新高。兴隆庄煤矿 4326 综放工作面 2002 年工作面日产达到了 2.4 万 t,月产达到了 63.2 万 t,平均回采工效 313 t/工,最高回采工效 369.39 t/工,工作面单产达到年产 610 万 t 的全国最高水平。

虽然综放开采技术在整体技术装备、自动化程度和生产能力等方面不断向着最先进、最高和最大的方向发展,以期把综放开采的技术优势发挥到最好,但也应该看到,在目前综放开采条件下,阻碍这一过程发展和实现的技术问题是客观存在的，其中，液压支架是最核心和关键的制约因素。

液压支架是综采工作面的重要设备之一，其投资约占综采工作面成套设备总投资的 60%。其作用不仅是支护顶板、维护作业空间的安全，而且要推移运输机和采煤机，实现支架的快速升降和前移。因此，液压支架的性能和可靠性是决定综采成败的关键因素之一。

放顶煤液压支架的架型经历了从高位放顶煤支架、中位放顶煤支架到四柱式低位放顶煤支架的发展，三代放顶煤液压支架的研制和应用都带来了放顶煤技术的重大进步。目前广泛应用的四柱式放顶煤液压支架在综放开采中发挥了重要作用。但是，和世界先进的采煤国家相比，我国使用的四柱式放顶煤液压支架存在结构和控制系统复杂、体积庞大、主要结构件强度低、移架速度慢、与电液控制系统配套适应性差等问题。尤其是经过大量的现场实践证明，四柱式放顶煤液压支架前后立柱受力不均衡，工作阻力利用率低，梁端水平力小，支架结构件易于损坏等问题普遍存在，难以与放顶煤开采的支架围岩关系相适应，也阻碍了放顶煤技术的更大发展。同时也证明了在放顶煤开采条件下，高阻力支架不一定是高可靠性支架。因此，在进一步实测分析和总结现场四柱式放顶煤液压支架承载特征的基础上，通过深入分析放顶煤开采煤岩的动态破坏规律和支架与围岩关系，需要进一步分析探讨两柱掩护式综放液压支架新架型的受力特点及其与围岩的作用关系、对围岩的控制效果、配套的合理性，分析其现场的应用效果并进行现场适应性评价。为该架型的进一步推广应用及发展奠定理论依据和现场示范，推动放顶煤开采技术的进一步发展。

1.2　放顶煤开采技术的发展与研究现状

1.2.1　我国放顶煤开采技术的发展现状

早在 20 世纪初，法国、西班牙和南斯拉夫等国就在急倾斜煤层中应用放顶煤开采方法，由于当时机械化水平低，这种方法实际上仅仅是高落式采煤法的一个变种，只作为复杂地质条件下一种特殊的开采技术。在 20 世纪 40 年代末、50 年代初，苏联、法国、南斯拉夫等国才开始正式应用放顶煤技术开采厚煤层。随着液压支架的逐步成熟，放顶煤开采技术才相应地得到完善，并在一些国家取得成功。

到了 80 年代后期，由于受到其他能源的激烈竞争、社会政治经济体制的变化以及没有解决在困难条件下使用综放开采技术等因素的影响，在国外此项技术的使用规模和使用效果都没有得到明显的发展。

我国放顶煤开采技术虽然起步时间较晚,但发展速度迅猛,其显著的技术经济效益已为世人瞩目。

我国综放开采技术的发展过程,大体可分为以下三个阶段[1]。

第一阶段为探索阶段(1984～1990)。我国从 1982 年开始研究引进综放开采技术。1984 年在沈阳矿务局蒲河矿北三采区首次进行了缓倾斜煤层长壁综放开采工业试验,由于支架设计及配套不合理、生产管理缺乏经验,试验没有取得成功。但随后在窑街矿务局二矿、辽源矿务局梅河口矿、乌鲁木齐矿务局六道湾煤矿急倾斜特厚煤层水平分层综放开采相继获得成功。直到 1990 年,虽然东北若干矿区、平顶山等仍在继续进行缓倾斜煤层综放开采试验,但由于各方面原因,一直没有取得突破性的进展。1990 年下半年,阳泉一矿 8603 长壁工作面首先在倾角 3°～7°,煤厚 6 m 左右,工作面长度 120 m 的综放面实现了月产原煤超过 14 万 t,比该矿分层综采工作面产量和效率都提高了一倍以上,而且工作面煤炭的采出率超过 80%,并摸索出了一套长壁综放工作面实现高产高效的技术途径,以实际成果展现了综放开采的潜力,为放顶煤技术发展打下了良好的基础。这一阶段基本验证了放顶煤开采实现高产高效的可行性。

第二阶段为逐渐成熟阶段(1990～1995)。这一阶段的标志性成果是兖州兴隆庄煤矿工作面单产突破 300 万 t/a,达到了高产高效的目的。另外,"三软"煤层、"大倾角"煤层(30°左右)、"高瓦斯"煤层等难采煤层综放开采技术有了重大突破,加快了广泛实现综放开采的步伐。在这一阶段,综放开采技术的发展是迅速的,很多矿区认识到并开始将放顶煤技术提到技术进步的主要议程上来。同时,对岩层控制、支架与围岩关系、顶煤可放性、放煤工艺等综放开采理论的研究也十分活跃,形成了百家争鸣的局面。

第三阶段为技术成熟和推广阶段(1995 至今)。综放开采巨大的技术优势引起了广大煤矿生产企业的积极性,同时由于综放开采的一些技术难点逐渐被攻克,综放开采在整个煤炭行业迅速推广和发展。这一阶段的标志性成果为,在一些开采条件较好如地质构造简单、储量大、自然灾害少、煤层厚 6～9 m 的中硬煤层工作面单产、效益大幅度增长,连创新高。如 1997 年兖州东滩矿综采二队年产达 410 万 t,回采工效 208 t/工。1999 年,该队又创下了工作面年单产超过 540 万 t、回采工效达 235 t/工的佳绩,达到了长壁开采单产国际先进水平。同时对一些难采煤层,如"三软""两硬""大倾角""高瓦斯""易燃""较薄厚煤层"等的放顶煤开采技术也有了长足的发展,并形成了各自的开采特色。

1995 年原煤炭工业部把综放开采技术列为"九五"期间煤炭行业重点攻关和推广的五项技术之一,并把综放开采的几个问题列为煤炭部"九五"重点科技攻关项目。"十五"期间兖州矿区"600 万 t 综放工作面设备配套与技术研究"项目的实施和完成,使我国综放开采技术达到了一个新阶段,实现了平均日产20 376 t,最高日产 24 047 t,最高月产 631 668 t,最高回采工效 369.39 t/工,平均采出率 87.43%的最高水平,创造了二十年来我国也是世界上综放开采单产、工效和采出率的最高纪录。2007 年,潞安王庄煤矿大采高综放面实现累计采出率 91.6%,最高 92.1%;2008 年,平朔安家岭二号井工矿综放工作面创造了单产 1 000 万 t 的历史新高。

随着采用大采高综放开采工艺解决了煤层厚度 14 m 以上特厚煤层的综放开采问题,综放工作面装备水平得到了提高,产量和效益跃上了新的台阶,并推动了特厚煤层综放开采技术的发展。

1.2.2 综放开采理论与技术的研究及发展

1.2.2.1 综放开采有关理论的研究及发展

综放开采的关键是提高顶煤回收率,这是涉及综放开采生命力的问题。如何最大限度地提高顶煤回收率,这与顶煤的破断状况、放落流动规律和放煤工艺参数有关,因此需要有放煤理论来指导。综放开采除了常规综采工作面所具有的工序外,放煤工序是其主要特征,而且由于顶煤和放煤工序的存在,使得综放工作面的支架围岩关系发生了变化,这影响到支架的支护参数确定和选型以及顶板的有效控制。同时,在综放开采条件下,覆岩结构及其稳定性以及对工作面矿压显现的影响,将直接影响综放工作面的安全开采。这些都是需要从理论上深入探讨和研究的问题。

(1) 有关放煤理论

鉴于放顶煤开采的工艺特点和从顶煤放出的条件出发,有关学者对顶煤放出理论进行了研究。吴健[2]通过对不同条件下顶煤移动规律的深基孔观测,综合得出了顶煤移动全过程曲线,引用了金属矿放矿椭球体的研究成果,考虑到煤矿多口邻近放煤的特点和放出体受未冒落顶煤固定帮影响的特点,研究了顶煤放落的规律,提出了放煤步距选择的依据和提高回收率的途径,提高了人们对放煤规律的认识。王家臣等[3-5]基于模拟试验、数值计算和现场观测,提出了低位综放开采顶煤放出的散体介质流理论,描述了低位综放开采中顶煤流动与放出的过程,指出综采放顶煤与椭球体放矿存在差异,并利用专用顶煤运移跟踪仪在室内进行了顶煤放出规律的模拟试验和现场应用。随着对放顶煤开采研究的进一步深入,建立了将煤岩分界面、顶煤放出体、顶煤采出率和含矸率统一研究的 BBR 研究体系,提出了可用抛物线拟合煤岩分界面,得出顶煤放出体是一被支架掩护梁所切割的切割变异椭球体,通过确定合理放煤工艺与参数,控制煤岩分界面形态来提高顶煤采出率是可行的措施。宋选民[6]从地质因素出发,探讨了开采深度、煤层的厚度和强度、煤层中的夹石层厚度及强度、直接顶的岩性及厚度、基本顶的岩性及厚度、煤体的裂隙发育程度等因素对顶煤冒放性的影响规律,确定了影响因素的临界值,从而为顶煤冒放性评价和是否适合放顶煤提供了依据。刘长友等[7]以顶煤破断块度为特征量,建立了顶煤破断冒放的块度理论框架,分析了不同顶煤块度以及顶煤块度和矸石块度相对差异时的煤矸流动场特征,分析了顶煤放落流动过程中的成拱形态、成拱概率、影响因素、成拱条件和煤矸块度差异对混矸程度的影响,提出了用顶煤可放出系数和极限顶煤块度描述顶煤的可放出性,为提高顶煤回收率尤其是坚硬难冒放煤层的弱化设计提供了依据。

（2）支架与围岩关系

现场实测结果表明,综放工作面的矿压显现与传统矿压理论的分析预计结果具有很大的不同,总体表现为矿压显现缓和,顶板来压强度较小,而且顶煤的硬度不同矿压显现程度会有差异。说明综放工作面支架与围岩关系有别于常规的综采工作面。因此,吴健等[8]根据综放工作面的矿压显现特征,论述了综放工作面支架与围岩关系的特征、支架如何适应综放开采岩层控制的要求等问题;提出支架的作用就是要保证从煤壁开始到支架切顶线的顶煤有一定承载能力(抗压强度不为零),使顶煤有一定自承能力。为此,支架一方面应保证对顶煤的全封闭,另一方面应有足够的支撑,支架支撑力应根据支承压力分布曲线确定。靳钟铭等[9]依据对忻州窑矿8916综放面矿压的观测,论述了"两硬"条件下综放面矿压显现特征、支架初撑力与阻力的关系和悬梁式力学模型,得出"两硬"条件下综放面既保持了坚硬顶板的显现特征,又具有放顶煤垫层的特性,支架合理工作阻力应以悬梁力学模型为基础,用垫层效应系数来修正。通过研究认为,由于上位顶煤比下位顶煤松动差,块度相对大,当下位顶煤放出后,上位顶煤在松动和下落过程中容易形成压力平衡拱,阻碍顶煤放出。刘长友等[10]基于综放开采矿压显现的特点,把采场直接顶视为可变形介质,分析了其变形破坏特征。根据采场直接顶的承载能力将其分为非承载区、承载区和弱承载区,提出了采场直接顶刚度的概念及其计算方法。认为在采场支架与围岩系统中,由于直接顶介质的影响,支架阻力并不能限制基本顶的最终位态,支架工作阻力和顶板下沉量的关系是基本顶给定变形条件下支架和直接顶作用的结果。据此提出了支架工作阻力的确定方法。针对两柱掩护式综放架型,研究了支架与围岩相互作用规律,分析了顶梁前后比和支架工作阻力对支架位态和端面顶煤稳定性的影响规律;得出了放煤区和端面区顶煤的失稳并不断扩大直至贯通是导致支架围岩系统失稳的原因,提出了控制端面冒顶技术途径[11]。杨胜利等[12]通过分析急倾斜厚煤层水平分层综放开采后顶板破断形成的结构,以及结构失稳时对顶煤和支架的作用,确定了水平分层综放开采工作面支架载荷计算方法。张幼振等[13]结合新疆乌鲁木齐矿区的实践,研究了急斜煤层综放开采工作面的矿压显现规律、开采引起的上覆岩层结构形式、顶煤冒落特点和支架合理结构等。

(3) 覆岩结构及其稳定性

综采放顶煤技术应用早期,学术界有一种观点,认为由于放顶煤开采一次采出空间较大,上位顶板冒落高度大,形成自稳平衡结构的可能性减少。这时,原来意义上的周期来压平衡失稳结构已不存在,承认来压有不均匀性,但不一定存在明显的周期性[2]。但现场实测表明[14],综放工作面仍存在周期性的来压现象,基本顶形成的砌体梁结构的失稳是周期来压产生的原因,但该砌体梁结构层位较高,来压强度较常规综采工作面要小得多。钱鸣高等[15]在砌体梁全结构的基础上,分析得出砌体梁结构的稳定性受呈三铰拱式结构的关键块体的影响,该关键块结构的基本失稳形式有滑落(S)失稳和回转(R)变形失稳两种形式,块体的回转角、长高比、岩性及负载岩层的高度是影响结构稳定的主要因素,并建立起了采场围岩结构的 S-R 稳定理论,从而为开采时上覆岩层对工作面的影响、压力变化及需控岩层范围等问题的解决提供了理论依据。邢玉章等[16]依据我国部分矿区综放采场多次发生的矿压显现异常现象,对矿压显现异常进行了归纳分类。根据影响基本顶运动规律变化的因素,提出了发生矿压显现异常的三种模式,并论证了不同模式下矿压显现异常的来压机理。

1.2.2.2 综放开采装备技术的发展

综放开采技术的进步是建立在综机设备不断推新的基础上的。因此,综放开采技术的发展过程也是开采装备不断发展进步的过程。

我国综放开采综机设备配套是在综采设备配套的基础上发展起来的,其配套模式和装备水平经历了多样性和不断发展的过程。以兖州矿区为例[17],兖矿集团从 1992 年到 1998 年,实现了普通综采的更新换代,开始了综放设备的试验推广;从 1999 年到 2003 年,开展了"九五"和"十五"攻关,提升了技术档次和水平。20 世纪 90 年代初期,兖州矿区通过 3 年时间的努力,完成了采煤机无链化,输送机功率由 264 kW 提高到 500 kW,设计过煤量达到 150 万 t。以国家"九五"重点科技攻关项目"综合机械化放顶煤开采成套技术与装备"为核心,综放液压支架工作阻力达到 6 500 kN,电牵引采煤机在矿区全面使用,刮板运输机装机功率达到 750 kW,运输能力达到 1 200 t/h,胶带输送机的运量达到 2 000 t/h,成套设备的生产能力可以达到年产 400 万 t 以上。通过"十五"攻关项目的完成,兖州矿区成套设备的生产能力达到年产 600 万 t 以上。从 1992 年到 2003

年,兖州矿区在生产实际中逐渐形成了 61 种综放设备配套模式,形成了"高可靠性低位放顶煤支架、电牵引采煤机、大功率大运量刮板输送机和强力胶带输送机"装备系统优化模式,取得了设备配套及单机设备性能的创新和突破。目前,兖州矿区已形成以大采高两柱掩护式电液控综放液压支架为核心的综放工作面成套装备技术。

针对大同和内蒙古等矿区赋存有大量 14~20 m 特厚煤层的条件,煤炭科工集团与大同煤矿集团等单位联合开展了"十一五"国家科技支撑计划重大项目"特厚煤层大采高综放成套技术与装备"研发,创新研制了世界首台工作阻力 15 000 kN、支架最大高度 5.2 m 的大采高放顶煤液压支架,研制出 MG750/1915-GWD 型采煤机,SGZ1200/2×1000 型后部刮板输送机,DSJ140/350/3×500 大运量长距离巷道带式输送机,达到了年产量 1 000 万 t 的目标[24,25],使我国综放开采的综机配套达到了世界领先水平。

1.2.3 综放工作面液压支架的发展现状及存在问题

我国液压支架从引进吸收消化到自主开发研制,形成了目前可应用于不同使用范围、适应不同生产工艺的多品种、多型式、多系列架型。以 ZY、QY 系列为液压支架主要架型系列,并开发了适用于 I、II 类中等稳定和一般不稳定顶板条件下的轻型支架系列,降低了支架成本。同时也开发了适用坚硬顶板、大采高、薄煤层、大倾角等特殊条件下的支架。还为分层开采研制了铺网支架。尤其近年来在放顶煤支架方面积累了丰富的经验,推广应用量比较大的主要有三种架型:以兖矿集团为代表的四柱支撑掩护式低位小插板放顶煤支架,以阳煤集团为代表的四柱反四连杆低位大插板放顶煤液压支架,以徐矿集团为代表的单摆杆放顶煤液压支架。在支架液压控制系统方面,以高压大流量快速移架系统为特征,形成了系统及相关阀组合,达到了平均移架速度小于 12 s/架的水平。由于对矿压进行了深入的研究和积累了丰富的使用经验,制定了一系列围岩可控性分组准则,使液压支架选型有了科学依据,也为支架参数的确定和顶板管理提供了指导。

1.2.3.1 支架架型

液压支架是高产高效工作面的关键设备之一,20 世纪 90 年代以来,其主要发展趋势是两柱掩护式(普通综采工作面)、高阻力、高可靠性、宽中心距、整体顶梁和电液控制系统等。世界一些先进的采煤国家,如美国、英国、澳大利亚等均由以前的四柱式向两柱式发展。如 2000 年澳大利亚有 5 个年产 400 万 t 以上的长壁工作面,所用架型均为两柱掩护式支架,如表 1-1 所示。

表 1-1 **2000 年澳大利亚年产 400 万 t 以上长壁工作面支架状况**

矿井		Crinum	Kestrel	Moranbah North	Newlands Southen	Oaky North
采深/m		150~220	220~270	120~300	70~260	70~190
支架	类型	两柱支护式	两柱支撑掩护式	两柱支撑掩护式	两柱支撑掩护式	两柱支撑掩护式
	工作阻力/kN	9 500	8 600	9 800	9 130	10 400
	工作范围/m	2.9~3.9	2.2~3.6	3~4.8	3~5	3~5
	支护方式	Joy L110	PM4	Joy JNA2	PM4	PM4
2000 年工作面产量/t		4 878 700	4 190 500	4 224 200	4 396 900	4 147 600

1.2.3.2 高工作阻力、高可靠性

根据统计,1995 年美国共 72 个长壁工作面,其中单个支架工作阻力大于 6 000 kN 的工作面达 59 个,占 82%,最大为 9 650 kN。2000 年澳大利亚 34 个长壁工作面在平均采深 315 m 的情况下,支架平均支护阻力为 8 407 kN,最大为 13 200 kN,最小为 4 000 kN。根据分析可以发现,采用高工作阻力的原因主要有两个方面:一是高产高效要求支架控顶面积加大;二是高可靠性要求高工作阻力。

(1)高产高效要求支架控顶面积加大

① 配套设备的尺寸加大,尤其是工作面输送机的宽度。1995 年,美国有 25 个工作面的输送机宽度大于 1 000 mm,占工作面总数的 34.7%。2000 年,澳大利亚长壁工作面刮板输送机平均宽度为 987 mm,最大为 1 342 mm。平均比我国输送机的宽度大200~400 mm,由于输送机宽度加大,要求支架工作阻力增加 9%~18%。

② 采煤机截深加大。1995 年,美国长壁面的平均截深达到 838 mm,平均比我国大 200 mm 左右。为此要求支架工作阻力增加约 9%,最大可达 23%。

③ 支架中心距加大。美国近几年新投入使用的支架中心距多数为 1.75 m,已有 2 个面的支架中心距达 2 m,由此要求支架工作阻力增加 17%~33%,若再考虑行人空间等因素,那么在相同支护强度条件下,比我国一般支架的工作阻力要高 50%。

(2)支架有足够的安全富余度

通俗说法是"大马拉小车",其实质就是使支架的工作特性主要在初撑和增

阻区,而很少达到恒阻区,这样支架各部件的实际安全富余度也就大大提高,从而保证了支架在井下工作的可靠性。应该指出,支架的可靠性与高工作阻力是两个不同的概念。高工作阻力支架若设计不当,可能是低可靠性支架,但高可靠性支架一般要求高工作阻力,从而提高对不同地质条件的适应性。

（3）提高支架的可靠性

支架的可靠性需要从设计、制造、检验和使用维护等各个方面采取措施。例如,水平载荷、偏心和扭转载荷的设计计算,先进的结构分析软件和 CAD 技术,可靠性设计方法,疲劳载荷时支架结构件的设计计算等。尤其是 90 年代以来,欧美等国家对支架的设计要求和检验越来越严格,由于支架宽度的增加对顶梁偏载和扭转试验也比我国更为苛刻,寿命试验的次数逐渐增加,用户要求最高已达 5 万次。

1.2.3.3　整体顶梁

美、澳等国一直致力于发展整体顶梁,这首先得益于其煤层顶底板条件比较稳定。而且即使在顶板不太稳定的地方也都使用,并取得了良好的效果。他们的主要观点是采用整体顶梁时前后端对顶板的支撑力要比铰接顶梁时大,尤其是前端。铰接前梁是依附于主梁的,当顶板下沉时,由于靠采空区的顶板下沉一般要大于靠煤壁的顶板下沉,因此铰接顶梁的支撑作用将部分或全部丧失,除非在前部控顶区内顶板很破碎,并直接作用于前梁。根据我国煤矿的经验,采用整体顶梁的两柱式支架,很少发生平衡千斤顶的损坏,支护顶板的效果也比较好。

这些都说明,整体顶梁的支架在大多数情况下都能有效支撑顶板,而且由于其结构简单、制造方便、操作容易、便于支架的快速移动等突出优点而普遍受到世界各国高产高效工作面的青睐。但是整体顶梁往往较长,前端接顶较差,运输也比较困难,因此在具体设计中还要采取一些措施。

1.2.3.4　支架中心距和移架步距

20 世纪 90 年代以来,液压支架中心距有加大的趋势。美国长壁工作面新购置的支架几乎都采用了 1.75 m 中心距,而且还有 2 个工作面的支架中心距达到 2 m,这除了可以提高支架的稳定性之外,最主要的优点是加快了工作面的移架速度。以中心距 1.5 m 和 2 m 相比,工作面支架的移动速度即提高 33%,而且工作面支架的液压元件,如立柱、千斤顶、液压阀和胶管等都可以相应减少,也可以降低整个工作面支架的购置费用。

支架移架步距取决于采煤机的截深,传统的浅截深理论认为要充分利用矿压自动破煤的原理,同此很长一段时期以来,采煤机的截深多为 0.6 m 左右。高产高效工作面的出现打破了这种理论,而把高产高效放在比节能更重要的地位。

目前,世界上高产高效工作面的采煤机截深几乎都在 0.8 m 以上,1996 年美国最大已达到 1.2 m。支架移架步距的加大无疑对于控顶距和工作阻力的设计选择都有重要影响。

1.2.3.5 电液控制系统

自 20 世纪 70 年代欧洲开始研究支架电液控制系统以来,目前已经达到了成熟和推广的阶段。采用电液控制系统可以方便地实现双向邻架或成组程序控制等,操作方便安全,确保支架的各种性能,可实现支架工况的监测,提高了设备的可靠性,移架速度可达到 6~8 s/架,有利于工作面实现高产高效,同时大大改善了工作条件,因而近年来是高产高效工作面支架设计中优先考虑的因素,也是液压支架主要发展方向之一,与电液控制相比,手动液压快速控制系统虽然在移动速度和操作性能等方面略逊一筹,但由于其经济价廉,维护简单方便,目前仍在不少高产高效工作面使用,也是我国煤矿目前应该大力推广的控制系统。

1.2.3.6 存在问题

上述世界发达采煤国家高产高效工作面液压支架的发展现状和趋势,无疑为我国高产高效综采工作面的发展提供了很好的借鉴。由于我国综合机械化开采发展时间短,在综合机械化开采的综合水平上与世界上发达采煤国家相比还存在较大差距。特别是放顶煤工作面支架的研制基本是基于我国国情条件下,并受管理水平、开采技术水平和生产自动化水平的限制。因而在实际的工作面生产中存在的问题是多方面的,尤其是液压支架方面存在的问题更为突出。

目前,我国普遍使用的四柱支撑掩护式低位放顶煤支架存在以下突出的问题:

(1)支架前后立柱阻力差别大,阻力利用率低,远达不到支架额定阻力要求,从而降低了支架实际支护强度,造成支架对顶板的控制能力下降。如兖矿集团鲍店煤矿、济宁三号煤矿先后发生过三次顶板压死支架的情况,并在煤壁附近发生台阶下沉,虽然支架设计支护阻力大,但实际利用率不高。

(2)支架受力不均匀,加上支架为整体顶梁,使支架后立柱拉坏现象严重,而且抵抗放煤过程中冲击载荷的能力较弱,造成支架结构件的大量损坏,这已成为我国综放工作面普遍存在的现象。

(3)支架梁端的水平支撑力较小,对端面顶煤的控制能力差,工作面端面冒顶现象比较严重。这已是我国综放开采工作面顶板控制中的核心问题。

(4)当顶板压力合力作用点发生变化时,或地质条件变化时,支架的自调节能力差,从而造成支架的工作状况和顶板状态变差等不良的支架围岩关系。

(5)支架的结构和控制系统复杂,移架速度慢,与电液控制系统配套适用性差,不利于工作面高产高效开采水平的进一步发挥。

上述综放开采技术中液压支架所存在的突出问题,也是今后迫切需要研究解决的问题,这些问题的解决对于进一步完善综放开采技术,提高其技术水平和产量效益无疑具有重要的理论价值和现实意义。

2 综放工作面液压支架的承载规律

综放工作面由于顶煤的存在,使得工作面的矿压显现呈现了与分层开采工作面相比明显不同的特征,突出表现在矿压显现缓和,来压强度较低等方面。同时,由于放顶煤开采放煤工序的存在,使得支架上方顶煤和顶板处于"相对稳定—动态变化"的相互转换过程中,从而造成支架载荷的动态变化和支架—围岩关系的非稳定性特征。因此,准确把握综放工作面"支架—围岩"的相互作用关系,科学掌握工作面地质条件等因素对矿压显现的影响,对于合理选择工作面配套设备,科学安排生产工序,实现工作面的高产高效及高可靠性具有重大意义。为此,通过现场专项实测的方式,分析掌握工作面围岩特性、放煤工序对四柱支撑掩护式低位放顶煤液压支架承载及其工作特性的影响,观测分析综放液压支架压力的变化规律,并对综放面液压支架的承载特性及现有支架在使用中所存在的问题进行总结与分析。

2.1 兖州矿区厚煤层开采的地质及生产技术条件

2.1.1 地质条件

兖州煤田和济宁煤田(东区)均属第四系冲积层覆盖的石炭二叠系隐蔽煤田。煤田基底为奥陶系灰岩,盖层为残存的上侏罗统红色砂岩。

兖州煤田山西组和太原组共含煤 24 层,平均总厚 16 m,含煤系数 5.1%。其中,可采和局部可采煤层平均总厚 12.7 m,含煤系数为 4.1%。山西组主采的第 3 层煤在煤田北部合并为一层,厚 8~10 m,中、南部分岔为 $3_上$、$3_下$,厚度分别为 3.60~7.00 m(平均 5.23 m)、1.27~6.40 m(平均 3.2 m)。3($3_上$)煤层埋藏稳定、厚度适中,适于综放开采。

济宁煤田共含煤 27 层,平均总厚 17.11 m,含煤系数 6.8%。其中,可采和局部可采煤层共 8 层,平均总厚 10.94 m,含煤系数 4.4%。$3_下$煤层适于综放开采。

兖州煤田综放开采的第 3 层煤直接顶板为 1~4 m 厚的粉砂岩,局部地段有 0.5 m 以下的泥岩伪顶。其上为 10~20 m 以上浅灰色长石石英中砂岩基本顶;

煤田中、南部煤层为分岔地段,夹石层下部的泥岩、粉砂岩或砂岩作为下层(3下)煤的顶板,在泥岩、粉砂岩以上的粉砂岩、细砂岩为下层(3下)煤的直接顶或基本顶。第 3 层煤的直接底板为 1～2 m 厚的粉砂岩,其下为 10～17 m 厚的细砂岩。

济宁煤田的 3下 煤层直接顶为 3.7～13.8 m 粉砂岩,其上为 15.0～27.3 m 的中砂岩,直接底为 0.5～3.1 m 的泥岩,再上是较厚的粉砂岩。

2.1.2 生产技术条件

兖州矿区自 1992 年推行综放工艺以来,至 2002 年已采过 30 余个综放工作面。其工作面主要参数为:面长一般 150～200 m,走向长 800～2 000 m,采高 2.8 m,放高 2.8～5.7 m,循环放煤步距 0.6～1.2 m,单轮顺序折返式放煤,采放平行作业。部分综放工作面生产技术条件见表 2-1。

表 2-1　　　　　　　　综放工作面生产技术条件

矿井名称	工作面编号	面长/m	走向长度/m	煤层厚度/m	煤层倾角/(°)	煤层硬度	煤层结构	顶板						底板		采煤方法
								伪顶		直接顶		基本顶		直接底		
								岩性	厚度/m	岩性	厚度/m	岩性	厚度/m	岩性	厚度/m	
南屯	73上19	129	908	5.7	7		复杂			粉砂岩	3.74	细中砂岩	11.6	粉砂岩	1.7	综放
兴隆庄	3303	246	703	9.3	5	2.3	简单	粉砂岩	1.2	中砂	23.7	粉砂岩	3.24	泥岩	1.6	综放
鲍店	5310N	151	652	8.5	6	3.5	简单			粉砂岩	3.69	中细砂岩	27.4	粉砂岩	1.3	综放
	5309S	184	598	8.5	12	3.5	复杂					土				综放
东滩	43上07	177	2 199	5.7	6		复杂	泥岩	0.2	粉砂岩	3.7	中细砂岩	15	粉砂岩	6	综放
济宁二号矿	1308	181	1 148	5.5	6	1.9	复杂	泥岩	0.5	粉砂岩		中砂岩	10	泥岩	1.1	综放
济宁三号矿	13上04	198	1 221	6	5	2	简单			粉砂岩	4.5	中砂岩	27.3	泥岩	0.5	综放
	63上02	193	2 102	6.2	5	2	简单			粉细砂岩	13.8	中矿岩	23.2	粉砂岩	3.1	综放

工作面应用的放顶煤液压支架主要有 ZFS5100-1.7/3.5、ZFS5200-1.7/3.5、ZFS6200-1.8/3.5 等，并配备 ZTG5200-1.9/3.2 型端头过渡支架，放顶煤支架的主要技术特征：支架高度 1 700～3 500 mm，支架宽度 1 420～1 590 mm；初撑力 4 410～5 232 kN，工作阻力 5 100～6 200 kN，支护强度 0.87 MPa，底板比压 1.8～1.9 MPa；尾梁长度 1 250 mm，支护面积 6 m²；尾梁摆动角：上摆 5°、下摆 30°；最低外形尺寸：长 7 250 mm，宽 1 500 mm，高 1 700 mm。

2.2 兖州矿区综放开采现场实测内容及方法

2.2.1 实测工作面及研究内容

为了观测综放面液压支架的承载特性，解决兖矿集团在综放开采中所存在的问题，对兖矿 3 号煤层采煤工作面进行了矿压观测。观测的工作面有：南屯煤矿73$_上$19面，兴隆庄煤矿 3303 面，鲍店煤矿 5310N 面与 5310S 面，东滩煤矿43$_上$07面，济宁二号矿 1308 面及济宁三号矿的 13$_上$04 面与 63$_上$02 面。各工作面生产技术条件如表 2-1 所示。

研究的内容主要包括以下几方面：
（1）综放支架整体受力特征及变化规律；
（2）综放支架前后立柱阻力的变化规律；
（3）放煤工序对支架立柱阻力的动态影响；
（4）工作面支架的增阻特征；
（5）综放支架的支护强度变化；
（6）支架的损坏状况。

2.2.2 测区布置及观测方法

为了全面有效地观测所研究的内容，在各个观测工作面沿工作面面长方向布置三个测区，即Ⅰ测区（工作面下部），Ⅱ测区（工作面中部）和Ⅲ测区（工作面上部），如图 2-1 所示。在每个测区支架的前后立柱上分别安设压力自记仪，用以记录支架立柱工作阻力的循环变化。

测定方法主要借助安装于支架前后立柱的压力自记仪，并与人工测读相结合，观测液压支架在工作面回采过程中处于初撑状态—放煤前—放煤过程及放煤后各阶段的前后柱阻力变化，掌握支架的受力与工作状态及放煤工序对支架承载的动态影响，为综放面设备的改进提供参数依据。

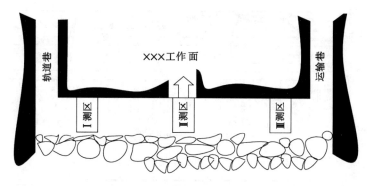

图 2-1　工作面测区布置示意图

2.3　现场实测结果及分析

2.3.1　放煤工序对支架承载的动态影响

与综采工作面相比,综放工作面多出了放煤这一重要工序,从而使综放工作面液压支架的承载特性出现了新的变化规律。为了观测支架前后立柱在放煤过程中的阻力变化情况,在东滩矿的 $43_{\text{上}}07$ 与 $43_{\text{上}}11$ 综放工作面进行了跟班观测。

观测结果见图 2-2 至图 2-8。

由图 2-2 至图 2-8 中支架压力的变化过程可见:

(1) 工作面支架阻力的变化受回采工序的影响具有以下特点:在移架升起达到初撑力之后,支柱的工作状态呈微增阻状态,一般情况下支架前柱的阻力大于后柱。开始放煤时支架后柱阻力都有不同程度的降低,甚至迅速降为0,其变化值在 $1\sim28$ MPa 之间。待放煤结束后,经过 $10\sim40$ min 后立柱的阻力会逐渐增大,一般升高 $2\sim18$ MPa。

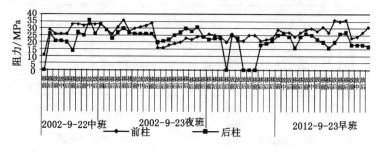

图 2-2　$43_{\text{上}}07$ 工作面下部支架阻力变化循环图

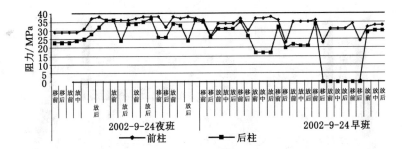

图 2-3　$43_\text{上}07$ 工作面中部支架阻力变化循环图（一）

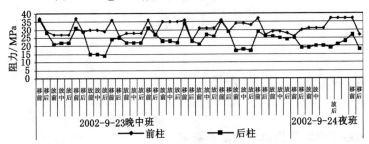

图 2-4　$43_\text{上}07$ 工作面中部支架阻力变化循环图（二）

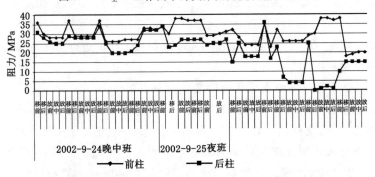

图 2-5　$43_\text{上}07$ 工作面上部支架阻力变化循环图

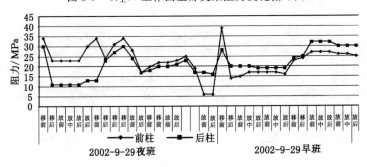

图 2-6　$43_\text{上}11$ 工作面下部支架阻力变化循环图

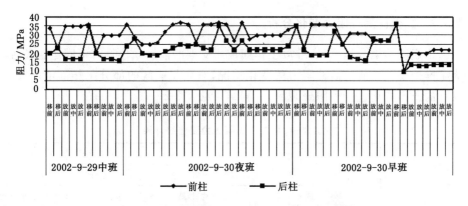

图 2-7 43上11 工作面中部支架阻力变化循环图

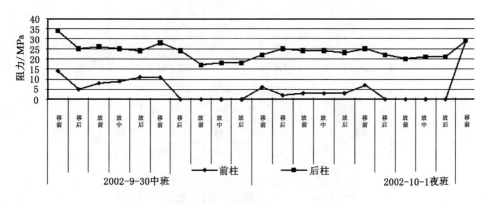

图 2-8 43上11 工作面上部支架阻力变化循环图

（2）43上11 综放工作面的支架阻力要小于 43上07 综放工作面的支架阻力，但是其受放顶煤影响的阻力变化趋势是相同的，即支架在放煤开始时，前后柱的阻力开始下降，在放煤结束时后柱的阻力开始下降，甚至降为零。其中阻力降低至 20 MPa 以下的占 32.7%，降低至 20 MPa 以上的占 46.3%，降低至 10 MPa 以下的占 8.5%，降低至 0 MPa 的占 12.5%。

（3）支架前柱的阻力普遍大于后柱，这种现象的发生主要是由于顶煤的放空，造成支架后部空洞，所受顶板的作用力前移。

（4）由于放顶煤的工艺特点，使得支架前后立柱的受力不均。同时，支架的后立柱还受到垮落煤岩的冲击（放煤后）；而前柱主要受其上部煤岩的压力影响，这就造成放顶煤支架前后立柱之间产生较大的阻力差，一般差值在 2～16 MPa。

2.3.2　支架前后柱阻力变化分析

由观测结果分析可见,综放工作面液压支架的前后立柱具有不同运行特性,为了准确反映支架前后柱阻力的变化情况,对兖州矿区的部分工作面液压支架立柱的压力变化进行了跟班观测,观测结果见表 2-2。

表 2-2　　　　　　　放煤前、后液压支架压力变化统计表

矿井名称	工作面编号	液压支架	初撑力/kN		支架末阻力/kN				支护强度/MPa			
					放煤前		放煤后		放煤前		放煤后	
			最大	平均	最大	平均	最大	平均	最大	平均	最大	平均
南屯	73上19	前柱	2 649	1 743	2 782	2 374	2 554	2 215				
		后柱	1 696	822	1 694	1 512	1 646	1 137				
		前柱－后柱	953	921	1 088	860	908	1 078				
		整架	4 345	2 565	4 476	3 886	4 200	3 352	0.62	0.54	0.58	0.472
兴隆庄	3303	前柱	2 825	1 745	2 992	2 576	2 909	2 560				
		后柱	2 992	1 479	2 908	1 911	2 909	1 812				
		前柱－后柱	－166	266	83	665	0	748				
		整架	5 817	3 224	5 900	4 487	5 817	4 371	0.81	0.61	0.79	0.59
鲍店	5310N	前柱	1 423	724	1 327	997	1 327	956				
		后柱	1 994	997	2 161	1 247	2 161	1 080				
		前柱－后柱	－571	－273	－834	－250	－834	－124				
		整架	3 417	1 721	4 322	2 244	4 322	2 036	0.61	0.32	0.61	0.29
	5309S	前柱	3 758	1 911	3 158	2 053	2 992	1 795				
		后柱	2 909	1 745	2 909	2 186	2 909	1 953				
		前柱－后柱	249	166	249	－133	83	－158				
		整架	6 057	3 656	6 067	4 239	5 901	3 748	0.85	0.6	0.83	0.53
东滩	43上07	前柱	2 739	2 133	3 071	2 424	3 071	2 449				
		后柱	2 324	1 901	2 407	1 710	2 407	1 826				
		前柱－后柱	415	1 232	664	714	664	623				
		整架	5 063	4 034	5 478	4 134	5 478	4 275	0.75	0.57	0.75	0.59
济宁二号矿	1308	前柱	2 050	1 748	2 280	1 900	2 204	1 824				
		后柱	1 748	1 292	1 900	1 368	1 520	1 140				
		前柱－后柱	304	456	380	532	684	684				
		整架	3 800	3 040	4 180	3 268	3 724	2 964	0.53	0.42	0.47	0.38

矿井名称	工作面编号	液压支架	初撑力/kN		支架末阻力/kN				支护强度/MPa			
					放煤前		放煤后		放煤前		放煤后	
			最大	平均	最大	平均	最大	平均	最大	平均	最大	平均
济宁三号矿	13上04	前柱	2 325	1 661	2 325	1 769	2 491	1 885				
		后柱	2 159	1 578	2 158	1 553	2 159	1 303				
		前柱-后柱	166	83	166	216	332	582				
		整架	4 401	3 239	4 484	3 322	4 650	3 189	0.53	0.43	0.58	0.41
	63上02	前柱	1 993	1 422	2 325	1 461	2 325	1 589				
		后柱	2 159	1 470	2 159	1 611	2 491	1 295				
		前柱-后柱	−166	48	166	−150	−166	294				
		整架	4 096	2 892	4 484	3 072	4 816	2 884	0.53	0.39	0.52	0.37
全局平均	3层	前柱	2 469	1 460	2 412	1 875	2 409	1 770				
		后柱	2 632	1 407	2 659	1 781	2 660	1 615				
		前柱-后柱	163	53	−167	94	−251	155				
		整架	5 101	2 867	5 151	3 656	5 069	3 385	0.76	0.51	0.74	0.47
	3上	前柱	2 694	1 938	2 927	2 399	2 813	2 332				
		后柱	2 010	1 362	2 051	1 611	2 027	1 482				
		前柱-后柱	684	576	876	788	786	850				
		整架	4 704	3 300	4 978	4 010	4 840	3 814	0.69	0.56	0.67	0.53
	3下	前柱	2 123	1 610	2 310	1 710	2 340	1 756				
		后柱	1 541	1 447	2 073	1 511	2 057	1 246				
		前柱-后柱	582	163	237	199	283	510				
		整架	3 664	3 057	4 383	3 221	4 397	3 002	0.53	0.41	0.52	0.37

通过对表中数据的分析可见,综放工作面液压支架的压力有以下几个特点:

2.3.2.1 支架初撑力

3号煤层支架初撑力最大(兴隆庄矿)5 817 kN,超过支架设计值的 10%,平均值 2 867 kN,其中前柱 1 460 kN,后柱 1 407 kN;3上煤层支架初撑力最大(东滩矿)5 063 kN,平均 3 300 kN,其中前柱 1 938 kN,后柱 1 362 kN;3下煤层支架初撑力最大(济三矿)4 401 kN,低于设计值 873 kN,平均 3 057 kN,其中前柱 1 610 kN,后柱 1 447 kN。观测结果表明:前柱初撑力大于后柱,一般在 53~576 kN 之间。

2.3.2.2　支架工作阻力

（1）3号煤层：支架最大工作阻力放煤前（鲍店矿）6 067 kN（前柱 3 158 kN、后柱 2 909 kN），放煤后 5 901 kN（前柱 2 992 kN、后柱 2 909 kN），平均工作阻力放煤前 3 656 kN（前柱 1 875 kN、后柱 1 781 kN），放煤后 3 385 kN（前柱 1 770 kN、后柱 1 615 kN）。观测结果表明：放煤前支架工作阻力高于初撑力，放煤前大于放煤后，放煤后阻力下降（361 kN），前柱下降少（105 kN），后柱下降多（256 kN）。

（2）3_上层煤：支架最大工作阻力放煤前（东滩矿）5 478 kN（前柱 3 071 kN、后柱 2 407 kN），放煤后支架阻力没有明显增加，支架平均工作阻力放煤前 4 010 kN（前柱 2 399 kN、后柱 1 611 kN），放煤后 3 814 kN（前柱 2 332 kN、后柱 1 482 kN）。观测结果表明：放煤后支架工作阻力下降 196 kN（前柱 67 kN、后柱 129 kN），后柱阻力下降比前柱多。

（3）3_下层煤：支架最大工作阻力放煤前（济三矿）4 484 kN（前柱 2 325 kN、后柱 2 159 kN），放煤后支架阻力 4 816 kN（前柱 2 325 kN、后柱 2 491 kN），后柱比前柱增加了 166 kN，支架平均工作阻力放煤前 3 221 kN（前柱 1 710 kN、后柱 1 511 kN），放煤后 3 002 kN（前柱 1 756 kN、后柱 1 246 kN），放煤后支架阻力下降 709 kN（后柱 510 kN、前柱 1 199 kN）。

2.3.2.3　支架支护强度

（1）3号煤层：支架最大支护强度放煤前 0.85 MPa（鲍店矿），放煤后 0.83 MPa；平均支护强度放煤前 0.51 MPa，放煤后 0.47 MPa。放煤后支护强度小于放煤前（0.04 MPa）。

（2）3_上层煤：支架最大支护强度放煤前 0.75 MPa（东滩矿），放煤后没变；支架平均支护强度放煤前 0.56 MPa，放煤后 0.53 MPa，放煤后支护强度下降（0.03 MPa）。

（3）3_下层煤：支架最大支护强度放煤前 0.53 MPa（济三矿），放煤后 0.52 MPa；支架平均支护强度放煤前 0.41 MPa，放煤后 0.37 MPa，放煤后支护强度下降（0.04 MPa）。

2.3.2.4　支架阻力变化类型

针对放煤工艺对支架载荷的不同影响程度和变化特征，放煤期间支架前、后柱的增阻变化主要有以下几种类型（见图 2-9、图 2-10）：

（1）放煤前支架阻力下降（1 次），前柱小于后柱；

（2）放煤前支架阻力上升（7 次），其中前柱大于后柱（5 次）占 71%，前柱小于后柱（2 次）占 29%；

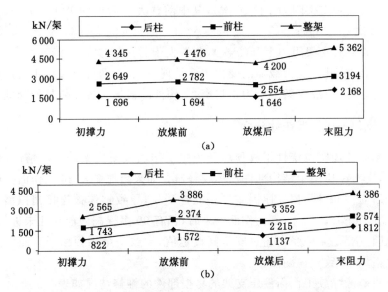

图 2-9 南屯矿 $73_{\text{上}}19$ 综放工作面支架循环阻力变化曲线

（a）最大阻力；（b）平均阻力

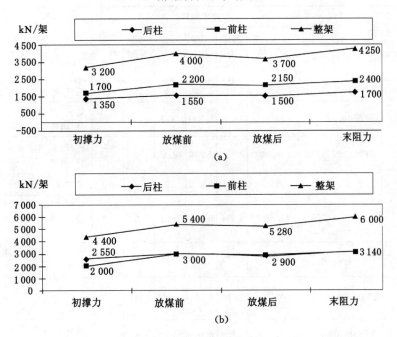

图 2-10 兴隆庄矿 3303 综放工作面支架循环阻力变化曲线

（a）平均阻力；（b）最大阻力

(3) 放煤后支架阻力下降(6 次),其中前柱大于后柱(4 次)占 67%,前柱小于后柱(2 次)占 33%;

(4) 放煤后支架阻力上升(2 次),前柱大于后柱(2 次)。

可见,综放开采支架载荷的变化主要呈现(2)、(3)两种类型。正是这两种类型的普遍存在,造成支架的受力不均衡、结构件的损坏和控顶效果的降低。

2.3.3 支架损坏情况统计分析

现场研究还实测统计了放顶煤开采中工作面液压支架的损坏情况,统计结果表明,支架在使用中结构部件损坏较普遍。如兴隆庄矿 4326 工作面生产期间共更换后立柱 98 棵,损坏原因主要是立柱受拉,导致缸体被连接销拉豁。共更换前立柱 64 棵,截至 4326 工作面停采时,仍有 90 多棵漏液前立柱未进行更换。更换原因主要是立柱受力超过安全阀设定值,导致安全阀频繁开启而使防尘圈及密封损坏,导致立柱漏液。

兖州矿区综放工作面液压支架的易损部件的维修情况如表 2-3 所示。

表 2-3　　兖州矿区综放工作面液压支架的损坏情况统计

序号	规格型号		主要技术参数					平均大修周期/月	大修主要检修部件
			前/后立柱缸径/mm	初撑力/kN	工作阻力/kN	质量/t	使用寿命/a		
1	一代综放	ZFS5100/17/35	200/200	3 941	5 100	14	10	6	连杆、密封件、胶管、阀件
2		ZFS5200/17/35	230/230	4 410	5 200	14.3	10	6	连杆、底座、密封件、胶管、阀件
3	二代综放	ZFP5200/17/32	230/230	4 410	5 200	18.15	10	8	连杆、底座、密封件、胶管、阀件
4		ZFP5400/17/32	230/230	5 200	5 400	19	10	10	密封件、胶管、阀件
5		ZFS5600/17/35	230/230	4 986	5 600	18.8	10	10	连杆、掩护梁、密封件、胶管、阀件、立柱千斤顶导向套
6	九五	ZFS6200/18/35	230/230	5 232	6 200	21.7	10	15	密封件、胶管、阀件、立柱柱脚
7	南九采	ZFQ6500/18/35	230/230	5 700	6 500	20.67	10		
8	十五	ZFS6800/18/35	230/230	5 707	6 800	23	10		电液控系统、密封件、胶管、阀件
9	轻放	ZF3200/1.65/2.5	180/160	2 860	3 200	8.94	10		连杆、密封件、胶管、阀件

其他矿区综放工作面液压支架在使用过程中同样普遍存在支架结构件损坏的情况。如轩岗矿务局刘家梁煤矿 5111 综放工作面,在整个观测过程中,前柱工作阻力高于后柱工作阻力的比重占 78.3%,有 97% 的支架后立柱被拉坏,后柱受拉状态占整个开采过程的 21.6%。

上述实测结果充分说明,现有的四柱支撑掩护式液压支架不能很好地适应综放工作面的矿压显现规律。

2.4 其他矿区综放开采支架承载分析

2.4.1 大屯煤电公司姚桥矿综放支架承载分析

姚桥煤矿 7361 工作面北为设计 7007 工作面材料巷,南为设计 7360 工作面轨道巷,东为 F_{277} 断层,西为中央采区边界下山。地面标高 +32.32 ~ +32.74 m,工作面标高 -686 ~ -732 m。工作面走向长度 789 ~ 794 m,倾斜长度 126 ~ 150 m,平均 148 m。

$7^{\#}$ 煤厚度 2.7 ~ 5.8 m,平均 4.86 m;煤层倾角 6° ~ 9.5°,平均 7.5°。直接顶为泥岩、砂质泥岩,厚度 1.1 ~ 7.5 m,平均 3.3 m,灰黑色薄层为主,质较硬,砂质泥岩含砂量较均匀,见较多植物叶化石。基本顶为灰白色细砂岩,厚 4.9 ~ 9.73 m,钙质胶结,质较硬,成分以石英长石为主,见较多炭质及菱铁质条纹。直接底为灰黑色泥岩,薄层状,厚 0.5 ~ 5.7 m,平均 1.4 m,见植物化石及炭化体。

统计分析表明,支架前后立柱循环阻力的变化较大,且后立柱阻力普遍小于前立柱阻力。图 2-11 至图 2-13 为工作面不同部位支架前柱阻力与后柱阻力差值所占百分比的分布图。

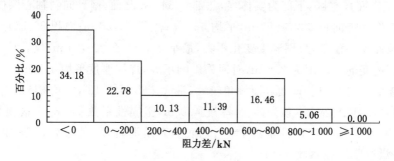

图 2-11　工作面中部支架前后柱阻力差分布

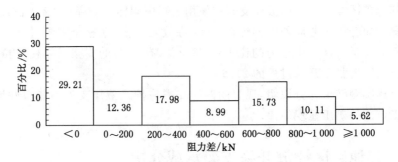

图 2-12　工作面下部支架前后柱阻力差分布

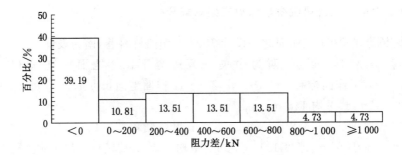

图 2-13　工作面上部支架前后柱阻力差分布

由图中数据可见,工作面中部支架后柱压力小于前柱的比例为 65.82%,工作面上部和下部则分别为 60.81% 和 70.79%。

2.4.2　徐州矿区权台煤矿综放支架承载分析

权台煤矿主采 3 煤层。34118 工作面位于 −800 m 水平北一采区,上部为 3116 工作面采空区,下部为实体煤,北部到 34118 北面,南到向斜轴心煤柱。

工作面走向长 632～697 m,平均 665 m;倾斜长 128 m;面积 85 129 m²。

该面煤层稳定,煤层厚度变化不大,最小 2.5 m,最大 5.0 m,仅在该面材料巷揭露一变薄带厚度为 2.5 m,对回采影响不大,煤层厚度平均 4.5 m。

煤层结构简单。该面煤层倾角较大,最大 24°,最小 18°,平均 21°。

34118 工作面基本顶为砂岩,厚度 4.0 m,坚固性系数 $f=8$;直接顶为砂质泥岩,厚度 4.8 m,坚固性系数 $f=4$;老底为砂质泥岩,厚度 3.4 m,坚固性系数 $f=4$;煤层坚固性系数 $f=1$。

该面地质构造简单,根据两巷及切眼联络巷揭露的资料,仅有几条小断层,对该面回采稍有影响。

对前后立柱工作阻力统计分析表明,支架前后立柱循环阻力的变化较大,且后立柱阻力小于前立柱的比例较多。

图 2-14 至图 2-16 为工作面不同部位支架后柱阻力与前柱阻力差值所占百分比的分布图。

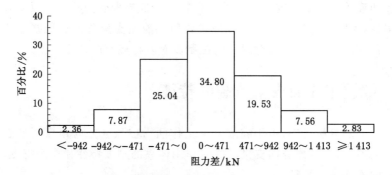

图 2-14　工作面中部支架前后柱阻力差分布

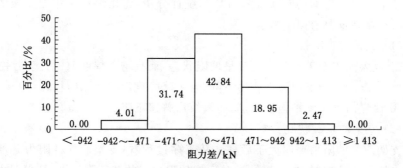

图 2-15　工作面下部支架前后柱阻力差分布

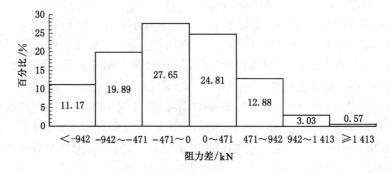

图 2-16　工作面上部支架前后柱阻力差分布

由图 2-14 至图 2-16 可见,工作面中部支架前柱压力大于后柱的比例为 64.37%,工作面上部和下部则分别为 41.29% 和 64.26%。

由上述其他矿区综放工作面的实测结果分析可知,支架前后立柱阻力的变化是综放开采工作面的普遍规律,而且支架前后立柱阻力的差异受顶煤的硬度、厚度和架型等的影响。支架承载的这种特点造成支架受力状态的改变和支架的大量损坏,表明现有的四柱支撑掩护式放顶煤液压支架并没有很好地适应综放开采工作面煤岩运动规律,对顶板的控制没有发挥应有的作用。

2.5 综放工作面支架承载的特征

由前面的分析可知,由于综放开采工作面沿控顶区方向顶煤变形破坏及介质特性的差异,沿厚度方向支架与围岩作用体系的刚度特性和作用特点,造成支架承载的不均衡性特征。

通过对兖州矿区南屯、兴隆庄、鲍店、济宁二号、济宁三号、东滩煤矿等 6 个矿井 8 个综放工作面的专项观测与数据统计分析,得出综放工作面支架的工作状况与承载特征具有以下特点。

(1) 支架的工况特征:

① 放煤前支架工作阻力普遍呈增阻状态,而且增阻幅度前柱大于后柱;

② 放煤后支架工作阻力普遍下降,且下降幅度后柱大于前柱;

③ 放煤前支架支护强度增加,而放煤后普遍下降。

(2) 支架的承载状况:

支架前柱的阻力普遍大于后柱。从工序过程看,支架后立柱阻力开始下降始于支架开始放煤时,在放煤结束时后柱的阻力有的甚至降为零,其中阻力降低至 20 MPa 以下的占 32.7%,降低至 20 MPa 以上的占 46.3%,降低至 10 MPa 以下的占 8.5%,降低至 0 MPa 的占 12.5%。

(3) 顶煤的刚度(厚度)变化对支架前后立柱承载产生的影响:

兖州矿区各矿的煤层赋存条件不尽相同,鲍店矿煤层坚固性系数 $f=3.5$,属硬煤,其他矿煤层坚固性系数 $f<2.5$,属中硬煤。鲍店矿和兴隆庄矿煤层厚度 9.0 m 左右,而其他各矿则在 5.5~6.2 m。

由对支架与围岩体系刚度的研究结果可知,顶煤的厚度和强度的变化实质上就是顶煤刚度的变化,即随着顶煤厚度的增大,其刚度减小,随着顶煤强度的增大,其刚度增大。这种变化无疑对支架的承载产生影响,尤其是对放顶煤前支架前后柱阻力的影响。

表 2-4 为统计分析得到的不同条件工作面支架立柱在放顶煤前后的阻力变

化情况。

表 2-4 不同条件工作面支架立柱在放顶煤前后的阻力变化

矿井	工作面	液压支架	平均工作阻力/kN		阻力下降/kN	
			放煤前	放煤后	放煤前—放煤后	百分比/%
南屯	73上19	前柱	2 374	2 215	159	6.70
		后柱	1 512	1 137	375	24.80
		前柱—后柱	860	1 078	−218	−25.35
		整架	3 886	3 352	534	13.74
兴隆庄	3303	前柱	2 576	2 560	16	0.62
		后柱	1 911	1 812	99	5.18
		前柱—后柱	665	748	−83	−12.48
		整架	4 487	4 371	116	2.59
鲍店	5310N	前柱	997	956	41	4.11
		后柱	1 247	1 080	167	13.39
		前柱—后柱	−250	−124	−126	50.40
		整架	2 244	2 036	208	9.27
东滩	43上07	前柱	2 424	2 449	−25	−1.03
		后柱	1 710	1 826	−116	−6.78
		前柱—后柱	714	623	91	12.75
		整架	4 134	4 275	−141	−3.41
济宁二号矿	1308	前柱	1 900	1 824	76	4.00
		后柱	1 368	1 140	228	16.67
		前柱—后柱	532	684	−152	−28.57
		整架	3 268	2 964	304	9.30
济宁三号矿	13上04	前柱	1 769	1 885	−116	−6.56
		后柱	1 553	1 303	250	16.10
		前柱—后柱	216	582	−366	−169.44
		整架	3 322	3 189	133	4.00
	63上02	前柱	1 461	1 589	−128	−8.76
		后柱	1 611	1 295	316	19.62
		前柱—后柱	−150	294	−444	296.00
		整架	3 072	2 884	188	6.12

由表 2-4 可知，鲍店矿 5310N 综放工作面和兴隆庄矿 3303 工作面相比，放顶煤前前者支架前后柱阻力差为－250 kN，即支架后柱阻力大于前柱，而后者，支架前后柱阻力差为 665 kN。其他几个矿煤层条件基本一致，放顶煤前，支架基本呈前柱阻力大于后柱的情况，其差值在 216～860 kN。

另外，由于顶煤放出后，顶板冒落空间的增大，引起上覆岩层移动及应力的前移，从而造成放煤后支架后柱降阻量增大，而前柱降阻量减小甚至阻力增加。如南屯煤矿 $73_{上}19$ 工作面放煤后前柱阻力下降了 6.7%，后柱则下降了 24.8%；济宁三号煤矿 $63_{上}02$ 工作面，后柱阻力下降了 19.6%，而前柱阻力则增加了 8.76%。

（4）综放开采工作面支架后柱还受到垮落煤岩的冲击影响，因此，支架后柱还要承受动载荷的影响，虽然冲击时间短，但对支架造成的影响应予以重视。

3 两柱掩护式综放液压支架的架型特点及稳定性影响因素

3.1 适应综放开采煤岩变形特征的两柱掩护式综放架型

综放开采技术是实现厚煤层高效集约化生产最有效的方法之一。实践证明,放顶煤液压支架是决定综放效果的重要因素,放顶煤液压支架架型的每一次重大改革,都带来放顶煤技术的一次重大进步。从高位放顶煤支架、中位放顶煤支架到四柱式低位放顶煤支架,三代放顶煤液压支架的研制应用即代表了放顶煤技术发展史上的三个重要阶段。

现场实测结果表明,综放工作面支架与围岩关系具有其独特的特点,良好的支架围岩关系应表现为支架对顶煤的良好控制效果和支架良好的工作状态,并有利于工作面的快速推进及高产高效。而我国目前使用的放顶煤液压支架大部分为四柱式,存在结构和控制系统复杂、体积庞大、前后立柱受力不均衡、工作阻力利用率低等问题,尤其是与电液控制系统配套适应性差。因此,改革我国目前普遍使用的四柱式放顶煤液压支架的主体结构,即由四柱式改革为两柱式放顶煤液压支架,使之更好地适应综放采场的支架围岩关系势在必行。

3.1.1 国外液压支架的架型发展及应用现状

20 世纪 90 年代以来,高产高效工作面开采成为世界煤炭开采的主流风靡全球,其成绩和记录令世界采矿界震动和瞩目。液压支架是高产高效工作面的关键设备之一,其主要发展趋势是两柱掩护式(普通综采工作面)、高阻力、高可靠性、宽中心距、整体顶梁和电液控制系统等。

3.1.1.1 支架架型

20 世纪 80 年代末以来,液压支架架型很明显地向两柱掩护式发展。据初步统计,1996 年美国煤矿采用两柱式支架的工作面达 66 个,占全部工作面的95.6%,传统采用四柱式支架的澳大利亚煤矿 2000 年也使用了 15 套两柱掩护式支架,占 44％。据了解,原联邦德国自 80 年代初展开两柱和四柱的大争论以后趋向于发展两柱式支架,目前所占比例约 80％,英国煤矿一直习惯采用四柱式支架,直到 80 年代后期才开始采用两柱式支架,目前所占比例也已经达到 50％左右。

3.1.1.2 支架水平力的作用

美国自 20 世纪 80 年代起就开始研究两柱式掩护支架上合载荷矢量的大小、方向和位置,以后又对不同型式的支架进行了承载时顶梁与底座之间相对位移和有效水平力的测试,经过多年研究,肯定了两柱式支架支撑顶板时具有指向煤壁方向的有效水平力,它能使工作面无支护空间的顶板由拉应力区转换成压应力区,有利于保持顶板的稳定,控制顶板的断裂和冒落。井下观测也有力地证实了这一点,测试表明,四柱式支架的有效水平力很小。一些矿压专家将这种水平力称为水平工作阻力,它是液压支架工作阻力的重要组成部分。但在传统的支架设计计算中却只考虑垂直支撑力的作用。

3.1.1.3 支架立柱的承载问题

由于顶板作用力位置的变化,四柱式支架前后排立柱的受载一般是不均匀的。井下观测发现,大部分四柱支架用于来压强烈的稳定顶板时,后柱受力明显大于前柱;而在来压不大的不稳定顶板时则前柱受力往往大于后柱,支架支撑力的整体利用率不高。但两柱式支架只要保证立柱前后都有支点与顶板接顶,支架工作阻力就可以充分发挥。有一种观点,即支架合力平衡区理论。它认为两柱式支架的合力平衡区仅仅局限于立柱前后很小的一段范围内,而四柱式支架的合力平衡区却位于前后柱之间较大的范围内。根据这个理论,不少人认为使用四柱式支架更可靠、保险。但实际上两柱支架的顶梁都具有铰接自平衡作用,一旦顶板载荷作用于合力平衡区之外的某个范围时,只要支架不失去平衡,那么总是可以在顶梁另一端找到支点,以实现新的平衡,尤其是整体式顶梁,这种自平衡比较容易实现。只有当顶梁一端上方的顶板冒落而无法接顶时才可能使支撑合力大大下降。而且两柱支架的合力平衡区范围大小事实上只与平衡千斤顶阻力大小有关。

3.1.1.4 两柱式支架控制顶板的优势

两柱掩护式液压支架在控制顶板方面具有以下优势:

(1)两柱式支架由于只有一排立柱,其顶梁长度一般比四柱式短 0.4～0.6 m,甚至更大,这不仅减小了控顶距离,而且减少了支架对顶板的反复支撑和破坏的次数,有利于对顶板的维护。

(2)两柱式支架由于立柱呈倾斜布置,可提供对端面顶板较大的水平支护力,有利于对端面顶板的控制。

（3）两柱式支架调高范围比四柱式支架要大,可以适应的煤层厚度范围大,有利于采高的变化调节和顶板控制,此外,该架型比较容易通过断层等构造,对断层区破碎顶板的控制较好。

（4）两柱式支架的立柱及相应的液压阀门和管路都比四柱式支架少得多,系统也简单,支架操作方便,有利于支架的快速移架和不稳定顶板的控制。

上述国际上先进采煤国家液压支架由四柱式向两柱式转变的趋势,证明了两柱式液压支架在顶板控制及高产高效开采中的优势。近年来,美国、德国、澳大利亚等先进产煤国家普遍应用两柱掩护式电液控制的液压支架。但上述两柱式液压支架均用在普通综采工作面,用于综采放顶煤工作面只有俄罗斯曾研制了一种单铰点两柱放顶煤支架,如图 3-1 所示。但由于结构不合理,放煤空间小,不适应放顶煤开采支架围岩关系的特点,该架型并没有取得应用成功。因此,在综放开采条件下,应用两柱掩护式放顶煤支架进行高产高效开采在世界上还是一个空白。

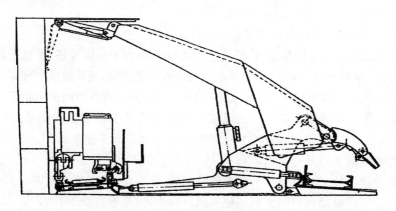

图 3-1　单铰点两柱放顶煤支架

3.1.2　两柱掩护式放顶煤支架的提出

（1）新架型所适应的地质条件

该架型是兖州矿区针对其煤层赋存条件和矿压显现规律及特点提出的,但从推动综放开采技术发展的角度,还应具有较为广泛的适用性和推广应用前景。即该架型适应如下地质条件：

煤层结构简单,产状平缓,倾角 4°～12°。煤层厚度平均 5～8.2 m,赋存稳定,煤的坚固性系数 $f=2$ 左右,煤种为气煤。所采煤层有自然发火性,发火期

3～6 个月,煤尘有爆炸危险性。煤层直接顶为灰黑色粉砂岩,厚度 3.3 m,基本顶为灰与灰黑色细粉灰岩层,厚度 24 m。直接底为灰黑色泥岩,厚度 0.75 m,老底为细砂岩与粉砂岩互层,厚度 5.2 m,底板允许比压 21.7 MPa。

工作面的矿压显现规律为:顶煤初次垮落步距 6.5 m,基本顶初次来压步距35.6 m,动载系数 1.29。基本顶周期来压步距 10 m,动载系数 1.21,基本顶初次来压时支架最大载荷 4 611.99 kN,平均 4 023.9 kN。周期来压时,支架最大载荷 4 130.9 kN,平均 3 817.6 kN。

(2) 新架型应具有的控顶要求和特点

结合综放开采支架与围岩关系的特点,新架型对于放顶煤开采的顶板控制应具有以下特点和要求:

① 应适应放顶煤工作面放顶线前移而造成的支架载荷合力作用点前移问题,确保支架的支撑力和外载合力处于合理平衡区范围。

② 支架顶梁前端支护力大,顶梁对顶煤的较高水平力有利于保持端面顶板的完整、防止冒顶。

③ 采用结构简单可靠的整体顶梁。

④ 后部放煤空间大,使顶梁后部顶煤冒落更充分。

⑤ 支架高度除应满足通风、行人要求以外,一是便于顶板管理,避免采高过大造成煤壁片帮和架前冒顶事故;二是要保证合理的采放比,使采煤机割煤高度与放煤高度相匹配,即在平行作业的前提下,保证割煤时间与放煤时间大致相等。

⑥ 支架支护强度应适应放顶煤工作面的来压强度低于普通综采工作面来压强度的特点,并依据支架的支护强度确定合理的支架支护参数。

⑦ 立柱前人行通道宽畅。

⑧ 单排立柱,操作简单,适应电液控制,快速移架,提高生产效率。

⑨ 支架质量比相同阻力的四柱支架可减小,减低投资成本。

⑩ 两柱掩护式放顶煤支架底座前端比压一般大于四柱支掩式支架,应采用起底座装置。

(3) 新架型应满足的主要技术指标

高产高效放顶煤开采的新架型要满足以下主要技术指标:

① 液压支架移架速度达到 8～10 s/架以内,耐久试验次数达到 30 000 次。

② 支架生产原煤 1 200 万～1 500 万 t 不大修。

③ 满足工作面年生产能力达到 600 万～1 000 万 t,回采工效达到 800～1 000 t/工的总体要求。

综合上述要求,两柱掩护式低位放顶煤支架可满足高产高效放顶煤开采的要求,该架型设计图如图 3-2 所示。

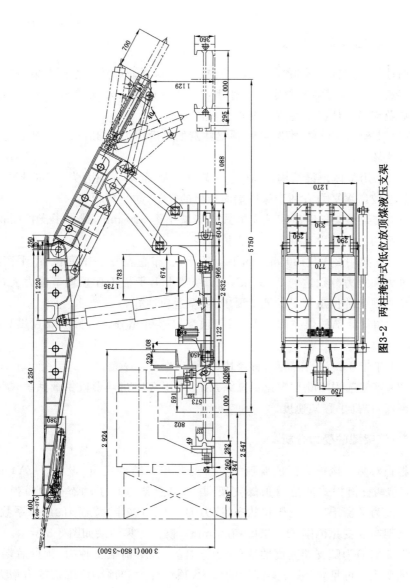

图3-2 两柱掩护式低位放顶煤液压支架

3.2　两柱掩护式综放架型的结构特点和受力分析

3.2.1　该架型的结构特点

两柱掩护式低位放顶煤支架的结构总体上应适应综放工作面支架与围岩关系的特点,满足支架顶梁外载合力作用点位置变化范围大、承受煤岩冲击动载荷的影响及支架总体稳定性好的要求。具体为:

(1) 支架采用整体顶梁结构,顶梁柱窝处前后比为 2.38,保证支架合力作用点位置比较合理。

(2) 采用整体顶梁结构,顶梁前端支护力大、前端支顶力为 1 700 kN,顶梁对顶煤的较高水平力有利于保持端面顶板的完整、防止冒顶。

(3) 支架顶梁长度比四柱支掩式支架减小约 600 mm,减小了支护面积,可以以较小的工作阻力达到要求的支护强度。

(4) 支架用 2 个 ϕ180 mm 的平衡千斤顶,布置在立柱中间位置,平衡千斤顶总推力和拉力分别达到 2 150 kN 和 1 550 kN,平衡千斤顶调节能力大,能满足支架出现各种位态情况的调节要求,支架适应性好。

(5) 顶梁后部放煤空间更大,后部顶煤冒落更充分。后部放煤过煤高度为 1 120 mm。

(6) 单排立柱,操作简单,移架快速,提高生产效率。

(7) 支架选用 400 L 大流量操纵系统,采用双回路环形段供液系统,配备快速回液阀,提高了移架速度。

3.2.2　该架型的受力分析

根据对两柱掩护式低位放顶煤支架的要求和结构定位,设计了 ZYF6800/18/35 型两柱掩护式低位放顶煤支架,并对该支架进行了动态受力模拟分析。模拟工况为平衡千斤顶处于拉状态,拉力 $P=-1\ 100$ kN,支架的摩擦系数 $f=0.2$,支架高度变化范围 $H=350\sim180$ mm。模拟计算结果如图 3-3 所示。

图 3-3(a)为随支架高度的变化,顶梁合力、顶梁前端支顶力、顶梁后端切顶力等的变化。可见,随着支架高度的增大,顶梁合力和顶梁后端切顶力增大,顶梁前端支顶力变化平稳并略有增加;前连杆由受压变为受拉,后连杆则相反。

由图 3-3(b)可见,支架顶梁的合力位置和梁端距随采高的增加变化不大,而底座合力位置变化范围在 500 mm 左右。

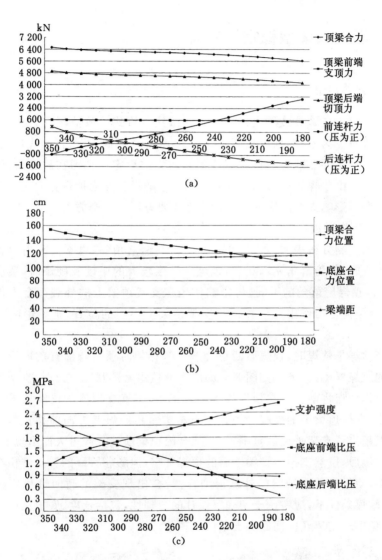

图 3-3 ZYF6800/18/35 型放顶煤支架动态受力模拟

(a) 支架受力；(b) 支架位置；(c) 支架底板比压、支护强度

由图 3-3(c)可见，支架支护强度随采高的增大而增大，而底座比压的最大值随采高的增大由前端向后端转移。

由上述结果分析可见，该支架在受力状态下，随采高的变化，支架具有良好的支护性能。

3.3 影响该架型稳定性的因素

3.3.1 影响因素

两柱掩护式综放液压支架与传统的四柱支掩式综放液压支架相比,支架立柱由两排减少为一排,顶梁长度减少了 600 mm。因此,在缓倾斜煤层条件下,支架的稳定性主要表现为由放煤工序引起的纵向稳定性。即在放煤前、放煤过程中和放煤后由放煤工序引起的煤岩活动所致的沿工作面推进方向液压支架的稳定性问题。影响该支架纵向稳定性因素主要有以下几个方面。

（1）顶煤硬度

现场实测分析表明,顶煤的软硬不同,其垮落角（α）也不同。当顶煤是强度低的软煤时,其垮落角 $\alpha > 90°$；当顶煤是强度较大的中硬及硬煤时,顶煤垮落角 $\alpha < 90°$。顶煤垮落角的不同,将影响作用在支架顶梁上的外载荷合力作用点的位置,外载荷合力作用点位置位于支架顶梁上不同的位置,都将影响支架的稳定性。

当顶煤是软煤时,顶煤破断角大于 90°,移架时顶煤随即冒落堆积在掩护梁上方的放煤冒落区,形成如图 3-4(a)所示的顶煤垮落状态。此时,支架上部的外载合力作用点将前移。在顶煤放出的过程中,随着支架掩护梁及顶梁后部载荷的减小,支架顶梁上的外载合力作用点将进一步向煤壁方向前移。当外载合力作用点超出了支架平衡区范围时,支架会因顶梁前端受载过大而出现低头现象。支架放煤后,虽然支架掩护梁之后的顶煤冒空,但随着冒矸的冒落堆积在支架掩护梁上,使得支架掩护梁的外载得到补偿,会出现支架的暂时性稳定状态。因此,在软煤条件下,应考虑支架底座设计的合理性,包括长度、底板比压和抬底功能,避免出现支架底座插底和支架低头现象。

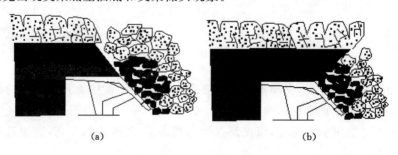

(a)　　　　　　　　　　　　(b)

图 3-4　顶煤破断角不同时顶煤的垮落状态

当顶煤是中硬及硬煤时,顶煤破断角小于90°,而且基本顶的给定变形压力可通过顶煤传递到支架上,因而支架除了承受直接顶与顶煤的载荷外,还要承受因基本顶回转变形而施加的附加载荷,形成如图3-4(b)所示的顶煤垮落状态。在此种条件下,作用在支架顶梁上的外载合力将向支架顶梁后端移动。支架上方的顶煤会因支架的反复支撑和上部载荷的压力作用而出现破碎,甚至出现局部冒顶和支架顶梁不接顶的情况,如果此时支架上部外载合力作用点超出了支架平衡区范围,支架会出现顶梁抬头现象。当支架出现抬头状态时,顶梁与掩护梁之间的夹角增大,掩护梁的水平角变小,会增加支架掩护梁上的载荷,这样不仅会加剧支架不良的工作状态,而且会增大拉架力,同时也会造成平衡千斤顶的损毁。

（2）放煤工艺

综放工作面是以放煤工序为中心的,从放煤工艺参数上,主要有放煤步距,如一采一放、两采一放等,放煤方式主要有单轮顺序、单轮间隔、多轮顺序和多轮间隔等。放煤工艺对两柱掩护式综放支架稳定性的影响,主要是根据顶煤的软硬和冒放性特征,确定合理的放煤工艺参数,使放煤步距与顶煤的易垮程度相适应。当支架移动一个放煤步距后,顶煤的垮落程度有利于放煤循环内顶煤的放出,同时又不会造成较大的顶煤破断线前移。合理的放煤方式要根据顶煤的冒放程度保证顶煤较高的回收率,同时又不会出现过量放煤造成支架顶梁后部冒空和放顶线前移。这些都会造成支架外载荷合力作用点的异常变动,乃至会产生支架顶梁低头或抬头的不良工作状态。

此外,还应考虑直接顶的稳定性状态在放煤过程中对支架稳定性的影响。当直接顶较稳定且有悬顶出现时,更要注意放煤量的控制,以免直接顶下方的悬空状态和直接顶垮断冒落对支架的冲击影响。

（3）端面顶煤的稳定性

两柱掩护式放顶煤液压支架在外载荷作用下,支架立柱和平衡千斤顶因外载状态的不同而呈现不同的支撑工作状态。具体包括:立柱工作区、平衡千斤顶下腔工作区、平衡千斤顶上腔工作区。平衡千斤顶上、下腔工作区的承载能力是由平衡千斤顶的工作阻力决定的,通常仅为立柱阻力的10%~20%。由于两柱掩护式放顶煤液压支架外载合力大小及作用位置的多变性,当支架外载合力作用位置前移时就进入平衡千斤顶下腔工作区,即外载造成的作用力矩不能大于平衡千斤顶的额定压力的平衡能力,否则平衡千斤顶泄液,顶梁低头;当外载合力作用位置后移时就进入平衡千斤顶上腔工作区,即外载造成的作用力矩不能大于平衡千斤顶的额定拉力的平衡能力,否则顶梁抬头。所以支架外载合力的合理作用范围应该在平衡千斤顶和合理调控范围内。显然顶煤的稳定性,尤其是端面顶煤的稳定性对于平衡千斤顶的调控作用及调控效果具有很大的影响。因此在软煤条件下,应采取有效措施防止端面冒顶和过量放煤。防止因端面冒顶引起的支架位态不稳而导致的平衡千斤顶活塞杆被拉出、平衡千斤顶被拉坏或连接耳座损坏等结构件损坏问题。

（4）支架结构

支架结构对支架稳定性的影响主要包括平衡千斤顶和立柱的位置确定和工作区影响范围。

① 平衡千斤顶的定位尺寸

平衡千斤顶定位尺寸主要指平衡千斤顶上、下连接耳座在顶梁和掩护梁上的位置尺寸。研究表明,平衡千斤顶的定位尺寸不仅对两柱掩护式支架的支撑特性产生很大影响,而且与顶梁及掩护梁间夹角、平衡千斤顶受力及行程均直接相关。

当平衡千斤顶定位尺寸设计不合理时,会致使支架顶梁与掩护梁间的极限夹角偏大或偏小,不能满足平衡千斤顶行程的要求,易造成顶梁在抬头或低头状态下工作,并最终导致平衡千斤顶或其连接耳座被拉坏或压坏。

② 平衡千斤顶保持力矩

保持力矩是指在外载作用下,保持顶梁与掩护梁之间夹角的力矩。研究表明,保持力矩与立柱支撑力的大小无关,它仅与平衡千斤顶的工作阻力及平衡千斤顶至顶梁后铰点的距离有关,它反映了平衡千斤顶克服外载的能力。在平衡千斤顶的保持力矩不足,且承受不了顶梁和掩护梁上的载荷所引起的外载力矩时,会迫使平衡千斤顶的拉出或压入,导致顶梁出现抬、低头状态。

③ 平衡千斤顶安全阀额定流量

为保证支架对端面顶板良好的初撑效果,使移架后梁端力达到额定值,就要采取移架后升柱时先"挑"后升,这就要求平衡千斤顶安全阀的额定流量要大,否则在支架初撑时,平衡千斤顶安全阀就可能溢流,进而会损坏平衡千斤顶及其连接耳座。

④ 立柱工作区宽度

由支架顶梁受力平衡区的概念可知,立柱工作区是支架支撑效率最高的区域,在立柱工作区内,支架可承受较高的外部载荷而不需要顶板附加反力的平衡。立柱工作区越宽,支架适应外载变化的能力越强,支架就越不容易发生顶梁的低、抬头现象。

⑤ 机械限位装置

在工作面顶板破碎时,端面顶板稍有不慎便会冒落,当顶梁柱前区上覆顶板冒空,柱后区及掩护梁承受垮落顶板的矸石重力,顶梁抬头,支柱受拉,顶梁柱后区及掩护梁载荷完全靠平衡千斤顶的拉工作阻力来平衡,往往导致平衡千斤顶及连接耳座的损坏,进而使支架失去支护能力。此时,单靠增加平衡千斤顶的工作阻力是很难奏效的,必须采取特殊措施。增加机械限位装置,防止支架产生过度的不良工作位态,可保障支架有良好的稳定性。

（5）操作质量的影响

两柱掩护式放顶煤液压支架与四柱式放顶煤液压支架相比较特点之一是多出两个平衡千斤顶。平衡千斤顶的主要作用是:调节顶板对顶梁作用力的合力位置,使顶梁与顶板接触严密。平衡千斤顶上腔供液时,可使合力作用点后移,载荷垂直分力增加,合力与垂线夹角减小,支撑效率增大,有利于适应基本顶来压。平衡千斤顶下腔供液时,可使合力作用点前移,载荷垂直分力减小,载荷水平分力增大,合力与垂线夹角加大,支撑效率降低,可以改善支架对端面顶板的维护。平衡千斤顶上、下腔均不供液时的特征介于上述两者之间。所以对平衡千斤顶的操作不当也会影响支架的稳定性。

在软煤、中硬煤及硬煤条件下,由于顶煤在端面区的易冒程度和在架后的冒放程度不同,会造成支架外载合力作用点位置的不同变化,所以在支架操作时,也应根据顶煤的稳定性特点和支架平衡千斤顶的控制作用而采取相应的操作程序,以发挥两柱掩护式综放支架的有效控顶作用。

3.3.2 该架型与围岩的适应性分析

两柱掩护式综采支架在国内外一次采全高综采工作面有着广泛的使用。从应用情况看,对于两柱掩护式支架本身有两个比较突出的问题:第一个是支架顶梁上挑呈高射炮现象,第二个问题是支架的低头现象。

在放顶煤工作面,由于支架后部放煤,掩护梁上背矸少,支架后部外载荷小,而且顶板切顶线前移,对两柱掩护式放顶煤支架来说,在确保端面顶煤不冒落的情况下,支架出现上挑高射炮现象少,对支架使用相对有利;但支架会否出现低头现象对两柱掩护式放顶煤支架来说则成为较为关注的焦点之一,这是关系两柱掩护式放顶煤支架能否成功应用的关键。

避免支架低头现象,关键是要通过支架总体结构设计和提高平衡千斤顶的调节能力,保证支架顶梁合力作用位置与顶板压力作用位置相适应。从满足放顶煤开采支架与围岩相互作用的特点及对该支架的结构要求分析,解决支架可能出现的低头现象是完全可能的。

（1）平衡千斤顶的作用可以调节支架顶梁合力作用点的位置,通过三种平衡千斤顶的工作状况,即平衡千斤顶拉、平衡千斤顶压和平衡千斤顶不受力,可以实现支架顶梁合力作用点位置的变化,以实现支架顶梁合力作用位置与顶板压力作用位置相适应的要求。计算分析表明,当平衡千斤顶受拉时(以支架正常采高 3.0 m 为例),支架顶梁合力作用点在顶梁立柱上铰点后 117 mm,当平衡千斤顶受压时,支架顶梁合力作用点在顶梁立柱上铰点往前 311 mm,也就是说当支架顶梁后部顶煤冒空,顶板压力作用点前移时,可通过调节平衡千斤顶状态来与之相适应,顶梁合力作用点的位置调节量达到 428 mm。

(2)为了使顶梁合力作用点的位置与顶板压力作用位置相适应,在两柱放顶煤支架上可通过加大平衡千斤顶的推力,如支架采用 2 个 $\phi180$ mm 的平衡千斤顶,推力达到 2 150 kN 来加大调节作用。通过加大平衡千斤顶的推力,增大了支架顶梁合力作用点位置往顶梁立柱铰点前的调节范围。

(3)在两柱放顶煤支架结构中增大顶梁后端到后部刮板输送机的距离,如比相同配套的四柱放顶煤支架增大 600 mm,这样从结构上增大后部堆散空间,使顶梁后端不容易冒空,保证支架的正常使用。

(4)合理设计支架顶梁的前后比,如两柱掩护式一次采全高支架顶梁前后比一般为 2.5 左右,而两柱掩护式放顶煤支架,由于顶梁后部顶煤存在着冒空现象,顶板压力合力作用点位置前移,要求支架顶梁立柱铰点尽量往前,考虑到支架的稳定性,可选取顶梁前后比为 2.38。

(5)可通过选择较高的支架工作阻力,如支架工作阻力为 6 800 kN,使支架有足够的支撑能力来抵抗工作面的冲击载荷。

综上分析可看出,通过合理选择立柱上铰点位置和增加支架平衡千斤顶调节能力等措施,可使两柱掩护式放顶煤支架较好地适应放顶煤开采的要求。

3.3.3 新架型的应用展望

两柱掩护式放顶煤支架是在综采放顶煤技术广泛实践应用的基础上,在深入研究分析综放开采支架与围岩关系的特点以及总结分析现有四柱式放顶煤支架存在问题的基础上提出的,该架型的提出是放顶煤开采技术不断发展的必然。

两柱掩护式放顶煤支架作为能适应综放开采支架与围岩关系特点的新架型,除确保其总体结构合理外,还遵循了高起点的原则。即具有高强度、高阻力、高可靠性,便于采用电液控制,为综放工作面自动化打下良好的基础。

因此,该支架的使用,将极大地减少支架与围岩事故率,大大加快支架的移架速度,提高控顶能力,加快采煤作业循环,为进一步提高工作面的单产和效益创造条件。

4　两柱掩护式综放支架与围岩的相互作用规律

4.1　两柱掩护式综放支架与煤岩活动的相互影响规律

为了研究两柱掩护式综放支架与围岩的相互影响规律,分析支架结构参数对地质条件的适应性等。以兖州煤业公司东滩煤矿两柱掩护式综放支架试验工作面条件为依据,采用大比例平面应力模型,研究不同顶煤硬度条件下,两柱掩护式综放支架与煤岩活动的相互影响规律,以及支架立柱上铰点位置,即顶梁前后比和支架工作阻力对端面顶板稳定性的影响,为该架型的进一步完善和现场应用提供理论依据。

4.1.1　相似材料模拟实验设计

4.1.1.1　模拟实验的地质条件

模拟实验以东滩煤矿 1303 综放工作面地质条件为依据。该工作面回采 3 煤层,煤层埋藏深度平均 620 m。煤质以暗煤为主,夹镜煤薄层,丝炭含量较高,内生裂隙发育。煤层厚 7.79~9.89 m,平均 9.07 m。煤层倾角 0°~10°,平均 5°。煤层坚固性系数 $f=2\sim3$,平均 2.3。直接顶为泥岩,厚度 1.3~5.18 m;基本顶为粉砂岩与中砂岩互层,厚度 11.6~34.7 m。直接底为粉砂岩,厚度 5.0~5.6 m;老底为中、细砂岩互层,厚度 11.15~21.09 m。

4.1.1.2　模拟实验设计

(1) 实验模型的上部边界条件

根据综放工作面整体力学模型的研究结果,综放采场支架与围岩的作用实质为基本顶给定变形条件下支架与顶煤(板)的相互作用过程[10,11]。根据对砌体梁结构关键块的有关分析,把"砌体梁"结构在控顶区上方的关键块三铰拱结构作为给定变形的边界条件[14,15]。

(2) 顶煤模拟材料的选择

根据控顶区顶煤已经破坏,具有散体特征,但仍具有一定的内聚力和内摩擦角,而且具有一定的抗压强度和应变软化特性的特点,实验采用弱胶结的石子作为控顶区顶煤的模拟材料。即以石子作为骨料,石膏为胶结料,采用一定水灰比的石膏浆液与石子混合形成石子弱胶结体。为了满足相似比和不同煤体强度条件下,石子弱胶结体的强度相似和力学特性相似,采用试块实验方法,分析了石膏水灰比、石子粒径对相似材料主要力学性能的影响。为减小石膏浆液凝结时间对胶结体强度的影响,试块制作时间控制在 5 min 以内。

图 4-1 为石子石膏胶结块的应力—应变全过程压缩曲线。可见,石子石膏胶结块的单轴压缩全程曲线与煤岩块的单轴压缩应力—应变曲线相似,具有一定的破坏后(峰后)强度。图 4-2 为石子石膏胶结试块强度稳定性测试结果。石子粒径 10～15 mm,石膏水灰比 1.45∶1 时,试块最大强度 64.2 kPa,最小强度 46.4 kPa,平均 52.95 kPa;石子粒径 15～20 mm,石膏水灰比 1.5∶1,试块最大强度 88.3 kPa,最小强度 61.7 kPa,平均 78.15 kPa。可见,通过选择不同粒径石子和石膏水灰比后,可以满足不同强度顶煤的模拟实验要求。

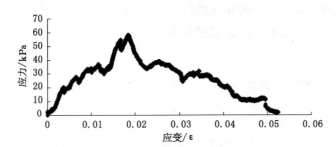

图 4-1　石子石膏胶结块的应力—应变全过程压缩曲线

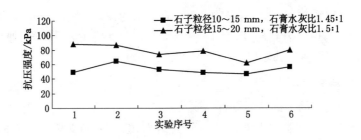

图 4-2　石子石膏胶结块强度稳定性实验

(3) 顶底板岩层与液压支架的模拟

顶底板岩层选用以砂子为骨料,石灰、石膏、水泥为胶结料的脆性材料作为相似材料,根据相似理论,以岩石单轴抗压强度为主要相似物理量,同时要求其他各物理量近似相似。由于工作面前方的直接顶及顶煤经历了超前支承压力的预破坏,其强度确定为其试块强度的 $1/10\sim1/15$。依据模拟现场的岩层赋存条件,选定合适的配比制作岩层的相似材料。模型中基本顶关键块采用石膏预制块,其长度根据实测周期来压步距和相似比确定。

为了模拟支架与围岩关系,采用 1∶15 的大比例实验模型。模拟支架根据ZYF6800-18/35 型两柱掩护式综放液压支架按1∶15比例制作而成,实现了模拟支架结构件尺寸和功能相似,通过在顶梁上预设的定位孔实现立柱上铰点位置的变化,如图 4-3 所示。实验中采用两架支架并排支护。

图 4-3　实验模型支架

（4）实验模型观测方法

支架的液压系统采用手动泵加压,为实现支架的初撑、增阻和恒阻特征,在供油系统中安装有截止阀和安全阀。截止阀关闭后,在顶板压力作用下,封闭油路压力增大,实现增阻。油路中安全阀调至不同的开启压力值,从而控制支架的工作阻力最大值。

实验过程中,支架立柱和平衡千斤顶工作阻力的采集采用压力传感器配合XSL 智能巡回检测仪,自动把压力数据传输到计算机记录保存。基本顶、直接顶、顶煤及支架的变形运动采用直尺量测、拍照和坡度规进行记录。

设计实验 8 台,用于分析不同顶煤硬度时,顶煤的破坏过程和支架与围岩的相互作用规律,以及在软煤条件下支架结构与支护参数的变化对支架与围岩稳定性的影响。

4.1.2　相似模拟实验结果分析

4.1.2.1　控顶区顶煤的变形破坏规律

不同硬度的顶煤,在经历超前支承压力作用而到达控顶区上方后,其破碎程度不同,这不仅直接影响到顶煤的变形运动规律和支架与围岩的相互作用关系,而且也影响到两柱掩护式综放支架的控顶要求。

当顶煤为硬煤($f＝3.5$)时,移架后顶煤形成的初始垮落角为68°。根据控顶区顶煤和直接顶变形运动特征不同,可把控顶区直接顶(含顶煤)划分为两个区域,如图 4-4(a)所示。Ⅰ区包含直接顶和上位顶煤,煤岩变形表现为垂直沉降及向采空区方向的膨胀变形,破坏主要表现为拉断破裂。Ⅱ区位于支架上方的中下位顶煤内,顶煤变形主要表现为垂直沉降和以煤壁为铰点的转动。在上位岩层的作用下,端面顶煤内存在沿煤壁的剪切和垂直煤壁的挤压两种破坏作用。随着基本顶回转角度增大,Ⅰ区和Ⅱ区煤岩体内裂隙不断延展,直至贯通;支架

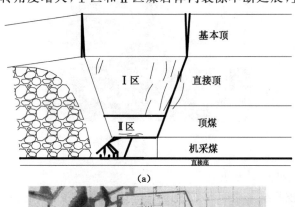

(a)

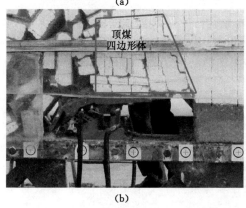

(b)

图 4-4　硬顶煤变形破坏特征($f＝3.5$)

(a) 直接顶(顶煤)破坏分区特征;(b) 顶煤破断成四边形体

后部直接顶与顶煤的垮落角不断增大,形成以垮落线及煤壁支撑影响线为边界的"四边形结构体",支架主要承载该结构体的重力及其所传递的直接顶与基本顶的变形压力,如图4-4(b)所示。

在基本顶回转角度逐步增大到12°的过程中,支架顶梁先由初始的微抬头状态(+1.2°)回转为水平状态;控顶区顶煤内的竖向拉断裂隙和水平剪切裂隙,将顶煤切割成大块裂隙体。由于沿控顶区方向顶板下沉不均匀,靠采空区侧下沉量大于煤壁侧,当实际端面距由600 mm增大到1 780 mm时,由于端面区顶煤破断块度大,在两柱掩护式综放支架的作用下,整体较稳定,未发生端面冒顶。

当顶煤为中硬煤($f=2.5$)时,顶煤的初始垮落角约80°,在顶煤与直接顶层面附近形成竖向裂隙,端面区顶煤内出现竖向剪切裂纹。基本顶回转角增大到6°时,顶煤垮落角增大到85°,顶煤发生竖向下沉与向采空区方向的膨胀变形。控顶区顶煤下沉导致上位顶煤拉断裂隙扩大,同时煤壁上方出现竖向裂纹密集发育。当基本顶回转角度增大至10°时,顶煤垮落角保持不变,上位顶煤拉断区裂隙与端面区裂纹贯通,形成竖向破碎带。由于顶煤向采空区的膨胀变形,在顶梁上方1 340 mm范围的顶煤内产生了水平剪切裂隙带,并与竖向破碎带贯通于端面区,形成冒高约1 350 mm的端面冒顶,如图4-5所示。

图4-5　中硬顶煤变形破坏特征($f=2.5$)

在顶板压力作用下,支架除了产生立柱下缩外,还伴随着顶梁的不断回转,如表4-1所示。顶梁的低头回转造成支架上方顶煤产生水平剪切破坏,增大了实际端面距,减弱了支架的梁端支撑力。

当顶煤为软弱煤层($f=1.0$)时,支架后部顶煤剧烈破碎,顶煤的垮落角为87°,后部顶煤的垮冒使支架顶梁外载合力前移,顶梁产生转动,由微抬头状态(+1.2°)回转至-4.8°的低头状态;端面区顶煤内竖向裂隙发育,形成冒高1 425 mm的冒落拱。

表 4-1　　　　　　　　　　　　支架位态变化过程

基本顶回转角/(°)	支架运动	
	立柱累积下缩量/mm	顶梁角度/(°)
0	0	0.4
2	6	−0.3
6	10.5	−2.8
10	12	−7.3

当基本顶回转角增大到 5°时，顶煤垮落角增大到 91°；随着顶梁的继续回转，端面冒顶范围扩大，冒高达 1 470 mm。基本顶回转角增大到 6°时，顶煤垮落角增大到 109.1°，端面冒顶高度 1 660 mm。基本顶回转角增大到 8°时，支架顶梁回转至−15.6°，顶煤垮落角增大到 109.8°，端面冒顶高度达到 2 572 mm。之后，端面冒落拱处于不断自动扩展的非稳定状态，顶梁上的拱脚不断向采空区方向移动，端面冒落拱和后部放煤区几近贯通时，发生顶板的大面积垮落和支架支护失效，如图 4-6 所示。

图 4-6　软顶煤的变形破坏特征($f=1$)

由软煤条件下的实验结果可知，综放采场支架与围岩系统失稳受后部放煤区与端面冒顶区的影响，前者是放煤工艺要求的，顶煤的失稳垮落范围受放煤工艺参数和煤的硬度的影响，而后者则是支架与围岩相互作用的结果。顶煤前后两个失稳区在此称之为顶煤双区失稳，顶煤双区失稳并不断扩大直至贯通是最终导致支架围岩系统失稳的原因。根据顶煤破坏发展的过程和程度，顶煤前后两个失稳区的发展过程可分为三个阶段。第一阶段为初始冒落阶段，该阶段基本顶回转角小于 3°，后部放煤区垮落角小于 90°，端面顶煤发生较小的冒落；第二阶段为放煤区顶煤冒落扩展阶段，该阶段基本顶回转角 3°～6°，放煤区顶煤冒落范围扩大,垮落角增大到 109°,端面顶煤处于裂隙发育和冒高稳定阶段;第三阶段为端面冒顶区的扩展阶段,该阶段端面冒落高度进一步扩大,冒高由 1 660 mm 增大到 2 572 mm,后拱脚与后部放煤区贯通,采场支架与围岩系统失稳。该过程支架顶梁位态因后失稳区的扩大而使顶梁上外载合力作用点前移,致使支架顶梁低头状态不断扩大。上述三个阶段顶梁角度变化分别为:$+1.2°\sim$ $-5.8°$、$-5.8°\sim-10.8°$、$-10.8°\sim-15.6°$,可见,端面冒顶的发展与两柱式支架顶梁仰俯角密切相关。

由上述实验结果分析可知,不同硬度顶煤的变形破坏和失稳规律是不同的,因此,要保持两柱掩护式综放支架与围岩的良好作用关系,对支架的控顶要求是不同的。在硬煤条件下,两柱掩护式综放支架支护的关键是保持适当的工作阻力,促使放煤区顶煤的及时垮落。在中硬煤条件下,关键是控制端面顶煤的稳定性。在软煤条件下,放煤区和端面区的双区失稳并不断扩大是其显著特点,因此,必须通过控制放煤量限制放煤区顶煤的垮落线前移,提高支架支护质量,调整支架位态,控制端面冒顶。这也是两柱掩护式综放支架设计、选型及现场顶板管理的依据。

4.1.2.2　支架结构与支护参数对顶煤稳定性的影响

（1）支架工作阻力对支架围岩稳定性的影响

对支架阻力的观测发现:顶煤双区失稳的发展过程中,支架承载经历三个阶段,即初撑阶段、高阻阶段和降阻阶段,如图 4-7 所示。支架承载的三个阶段反映了顶煤运动失稳不同过程的影响。为分析支架工作阻力变化对端面顶煤稳定性的影响,在实验中通过液压管路控制系统使支架工作阻力分别保持在 5 500 kN、4 100 kN、2 700 kN。

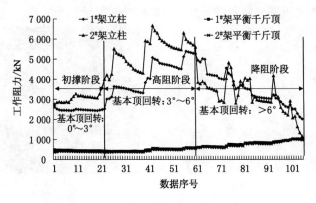

图 4-7　立柱工作阻力的循环变化

图 4-8 所示为软煤条件下，基本顶回转角度为 6°时，支架工作阻力对端面冒顶高度的影响规律。实验支架工作阻力分别为 2 700 kN、4 100 kN 和 5 500 kN时，端面冒顶高度分别为 2 130 mm、1 750 mm 和 1 660 mm。端面冒高随支架工作阻力的增加而减小，从变化趋势看，该关系曲线近似一双曲线。因此，增大工作阻力可有效降低端面冒顶，尤其在软煤层条件下。

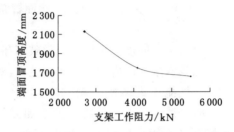

图 4-8　端面冒高随支架工作阻力的变化

（2）顶梁前后比对支架与围岩稳定性的影响

顶梁前后比，即立柱上铰点到梁端的距离与到梁尾距离之比，是决定支架控顶能力的重要结构参数，不仅影响支架的梁端支撑能力，而且对支架水平支护阻力的大小有重要影响[41,42]。在软顶煤条件的实验中，改变顶梁前后比由 2.38 减小为 2.06 和 1.49。

顶梁前后比为 2.06 时，随基本顶回转角逐步增大到 5°，支架后部顶煤不断破碎垮落，顶煤垮落角由 75°增加到 95°，但支架顶梁和端面顶煤保持稳定。当基本顶回转到 6°时，顶煤垮落角增加至 98°，支架顶梁保持稳定，但发生了冒高约 780 mm 的端面冒顶。在同样条件下，当顶梁前后比为 2.38 时，端面冒顶高度为 1 660 mm，支架顶梁回转角度－10.8°，如图 4-9 所示。

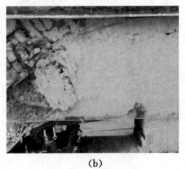

(a)　　　　　　　　　　　　(b)

图 4-9　顶梁前后比对支架围岩稳定性的影响（基本顶回转 6°）

（a）顶梁前后比 2.38；（b）顶梁前后比 2.06

图 4-10、图 4-11 分别为顶梁位态和端面冒高随顶梁前后比的变化曲线。由图可见：

① 随着顶梁前后比的减小，支架顶梁稳定性增强，端面顶煤冒落高度减小。如顶梁前后比分别为 2.38、2.06 和 1.49 时，支架顶梁最大回转角度分别为 16.8°、2.8°和 1.2°，端面最大冒顶高度分别为 1 750 mm、1 030 mm 和 915 mm。

② 顶梁位态和端面冒高随顶梁前后比的变化具有明显的分段特征，如图 4-10、图 4-11 所示。在图 4-11 中，曲线在 AB 段的平均斜率为 2 250 mm，而 BC 段的平均斜率为 201.7 mm，即顶梁前后比在 AB 段对端面冒顶的控制效果非常明显，而在 BC 段则对端面冒顶的控制效果显著降低。

③ 由上述分析可知，顶梁前后比存在一临界值。当顶梁前后比小于该临界值时，有利于保持支架位态和端面顶煤的稳定性。根据实验结果，在软煤条件下，两柱掩护式综放支架顶梁前后比的临界值为 2.06。

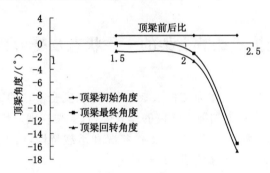

图 4-10　顶梁前后比对顶梁位态的影响

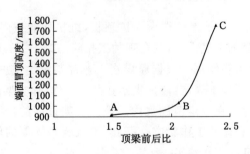

图 4-11　顶梁前后比对端面冒顶高度的影响

4.1.3　两柱掩护式综放支架与围岩的相互作用规律

（1）两柱掩护式综放支架与围岩的相互作用因顶煤的硬度不同而具有不同

的特点,由此决定了支架控制顶板的重点也不同。在硬煤条件下,顶板控制的重点是促使放煤区顶煤的及时垮落;在中硬煤工作面,顶板控制的重点则是保持端面顶煤的稳定性。

(2) 综放开采的工艺特点和围岩力学特点,决定了顶煤具有"双区失稳"特征,前失稳区是综放工作面生产中控制防范的重点区域;后失稳区在放顶煤开采中是必然存在的,其控制因顶煤的稳定性程度不同而异。

(3) 在软煤条件下,放煤区和端面区的双区失稳是其显著特点,因此,控制放煤量限制放煤区顶煤垮落线的前移,提高支架支护质量保持支架良好的位态,控制端面冒顶,是保持支架与围岩良好作用关系的关键,也是该架型能否成功应用的关键。

(4) 顶梁前后比是两柱掩护式综放支架控顶能力的重要结构参数,合理的顶梁前后比有利于保持支架良好位态和端面顶煤的稳定性。

4.2　两柱掩护式综放支架的工作状态及受力分析

众所周知,采场支架作为支护顶板、维护采场安全生产的结构物,并不是孤立存在的,而是处在一个和围岩组成的体系中,且支架与围岩是相互作用相互影响的。围岩的运动状态影响支架的工作状况和承载特性,而支架的工作状况又反过来影响到对顶板的维护效果。

4.2.1　两柱掩护式放顶煤支架的工作状态

两柱掩护式综放液压支架作为支护顶板,维护作业空间安全,而且与采煤机、刮板输送机配套的关键设备,其合理的工作状态对于围岩的有效控制和实现安全高效开采具有重要作用。根据原煤炭工业部制定的支护质量标准,对液压支架稳定性标准做了如下规定:液压支架在井下工作时,支架的合理工作状态是顶梁的仰、俯角应保持在一定范围之内。液压支架过高的抬头或过低的低头将使液压支架处在不合理的工作状态。据此,可认为当支架的仰俯角 φ 超出 $\pm7°$ 时,支架即处于不良的工作状态。

根据此规定之标准,两柱掩护式放顶煤液压支架的不良工作状态在井下实际工作状态分为两类,如图 4-12 和图 4-13 所示。即液压支架顶梁与水平面夹角为 φ,当 $-7°<\varphi<7°$ 时,液压支架处于合理工作状态;当 $\varphi<-7°$ 或 $\varphi>7°$ 时,液压支架处于不合理工作状态。

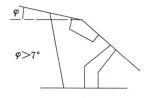

图 4-12 液压支架抬头工作状态

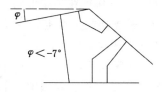

图 4-13 液压支架低头工作状态

正如前面章节的分析,支架处在不良的工作状态时,将影响支架自身支护效能的发挥,难以有效控制围岩稳定性,并造成影响工作面安全高效开采的支架围岩事故。事实上,支架工作状态的变化是动态的,是随着围岩运动及支架承载相互作用的变化过程,也是围岩压力和支架支撑力的动态调节过程。这种过程的变化随着支架工作状态是处在低头还是抬头状态而不同,其中支架所受外载荷的变化是主要影响因素。因此,需要建立力学分析模型,分析支架处在低头和抬头不同工作状态时支架载荷的变化以及对支架状态的影响,为支架良好工作状态的控制提供理论依据。

4.2.2 两柱掩护式放顶煤液压支架不同工作状态力学分析

4.2.2.1 力学计算分析

液压支架在现场实际工作中,顶梁在工作循环中都与水平面有个夹角 φ,这个夹角是支架工作状态的真实反映,因此,在进行力学分析时把支架顶梁的工作角考虑在内。

(1) 两柱式放顶煤液压支架处在抬头工作状态时

两柱式放顶煤液压支架抬头工作状态时的受力如图 4-14 所示。

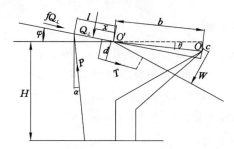

图 4-14 两柱掩护式放顶煤液压支架抬头工作状态受力图

图 4-14 中:

$Q_\perp$ ——垂直作用在顶梁上的合力,kN;

$fQ_\perp$——作用在顶梁上的摩擦力，kN，$f=0.2\sim0.3$；

P——支架的工作阻力，kN；

H——采高，m；

T——平衡千斤顶的阻力（拉力为正，推力为负），kN；

W——垂直作用在掩护梁上的合力，kN；

O'——顶梁与掩护梁的铰接点；

O——瞬心；

l——立柱与顶梁的铰接点到 O' 的距离，mm；

x——垂直作用在顶梁上的合力作用点到 O' 的距离，mm；

d——O' 与平衡千斤顶拉力 T 之间的距离，mm；

b——O' 与瞬心 O 之间的距离，mm；

c——瞬心 O 到垂直作用在掩护梁上合力 W 的瞬心距，mm；

φ——支架顶梁的仰、俯角，(°)；

α——立柱夹角，(°)；

θ——$O'O$ 与水平线的夹角，(°)。

首先取顶梁和掩护梁为隔离体，受力状态如图 4-15 所示。

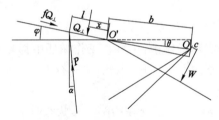

图 4-15　支架抬头工作状态下以顶梁和掩护梁为隔离体的受力图

取 $\sum(M)_O=0$ 得：

$$Q_\perp[x+b\cos(\varphi-\theta)]+fQ_\perp b\sin(\varphi-\theta)-$$
$$P\cos\alpha(l\cos\varphi+b\cos\theta)+$$
$$P\sin\alpha(l\sin\varphi+b\sin\theta)-Wc=0 \tag{4-1}$$

再以顶梁为隔离体，受力如图 4-16 所示。

取 $\sum(M)_\alpha=0$ 得：

$$Q_\perp x-Pl\cos\alpha\cos\varphi+Pl\sin\alpha\sin\varphi+Td=0 \tag{4-2}$$

由式(4-1)、式(4-2)可以解得：

$$x=\frac{[Pbl\cos(\alpha+\varphi)-Tdb][\cos(\varphi-\theta)+f\sin(\varphi-\theta)]}{Pb\cos(\alpha+\theta)+Td+Wc} \tag{4-3}$$

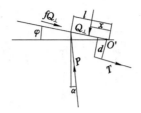

图 4-16 支架抬头工作状态下以顶梁为隔离体的受力图

（2）两柱式放顶煤液压支架处在低头工作状态时

两柱式放顶煤液压支架在低头工作状态时的受力如图 4-17 所示。

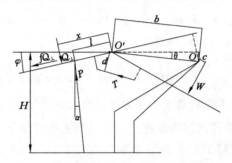

图 4-17 两柱掩护式放顶煤

液压支架低头工作状态受力图

首先取顶梁和掩护梁为隔离体，受力状态如图 4-18 所示。

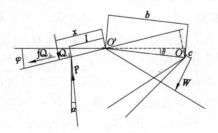

图 4-18 支架低头工作状态下

以顶梁和掩护梁为隔离体的受力图

取 $\sum (M)_o = 0$ 得：

$$Q_\perp [x + b\cos(\varphi + \theta)] + fQ_\perp b\sin(\varphi + \theta) - P\cos \alpha (l\cos \varphi + b\cos \theta) -$$
$$P\sin \alpha (l\sin \varphi - b\sin \theta) - Wc = 0 \tag{4-4}$$

再以顶梁为隔离体，受力如图 4-19 所示。

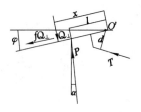

图 4-19　支架低头工作状态下
以顶梁为隔离体的受力图

取 $\sum (M)_\sigma = 0$ 得：

$$Q_\perp x - Pl\cos\alpha\cos\varphi - Pl\sin\alpha\sin\varphi - Td = 0 \tag{4-5}$$

由式(4-4)、式(4-5)可以解得：

$$x = \frac{[Pbl\cos(\alpha-\varphi)+Tdb][\cos(\varphi+\theta)+f\sin(\varphi+\theta)]}{Pbc\cos(\alpha+\theta)-Td+Wc} \tag{4-6}$$

4.2.2.2　支架不同工作状态下的受力分析讨论

上面对两柱掩护式放顶煤液压支架在不同工作状态下的受力进行了力学计算分析，下面将对不同工作状态下影响支架动态稳定性的因素进行分析讨论。在下面的分析中，"X"为外载作用在支架顶梁上的合力作用点距离立柱柱窝的距离，其中负值为作用在柱窝前端顶梁上，正值为作用在柱窝后端顶梁上，其值 $X = x - l$(mm)。

在进行支架的抬头、低头工作状态受力分析时，进行了以下假设：掩护梁及前、后连杆与水平线夹角不变，即 β、γ、δ 为固定值；支架采高不变，顶梁以顶梁与掩护梁的铰接点(O')上下转动，所以不同状态下瞬心(O)位置不变；外载作用在顶梁上的力用垂直作用在顶梁上的合力 $Q_\perp$ 表示；外载作用在掩护梁上的力用垂直作用在掩护梁上的合力 W 表示。进行以上假设以后，支架不同工作状态下力学计算式中的有关参数值通过作图法确定。$H = 3\ 000$ mm，$\beta = 27°$，$\gamma = 51°$，$\delta = 39°$，$l = 1\ 200$ mm，$f = 0.2$，$b = 2\ 380$ mm，$c = 150$ mm，$\theta = 2°$，P 的取值范围为 6 800～2 850 kN(其中，6 800 kN 为支架额定工作阻力，2 850 kN 为支架初撑力的一半)。

（1）两柱式放顶煤液压支架抬头工作状态时

由上述对支架不同工作状态下的受力分析可知，支架在抬头工作状态时，合力作用点 x 的力学分析式为式(4-3)。

下面就从支架仰角 φ 取不同值为出发点，分析影响作用在顶梁上合力作用点位置的因素，从而分析影响支架稳定性的因素，为支架架型改进和现场调整支架提供依据。顶梁仰角 φ 的取值为 $0°,7°,10°,15°,d=644$ mm, $\alpha=6°$, 平衡千斤顶拉力 T 的取值范围为 $0\sim1\,418$ kN($1\,418$ kN 为平衡千斤顶额定拉力,规定为正),作用在掩护梁上的外载合力 W 分别取 0 kN, 500 kN, $1\,000$ kN(外载主要由掩护梁上背矸量的多少而决定),其他参数如前文所述。分析结果如图 4-20至图 4-22 所示。

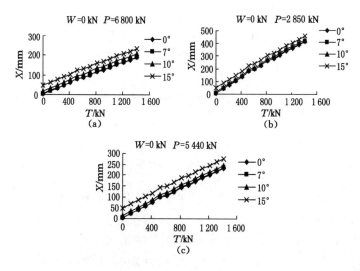

图 4-20　$W=0$ kN 时不同工作阻力条件下
X 随 T 的变化关系

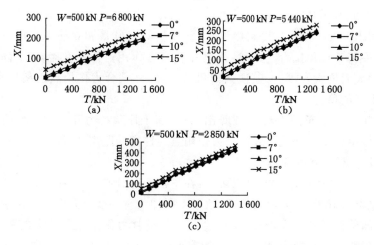

图 4-21　$W=500$ kN 时不同工作阻力条件下
X 随 T 的变化关系

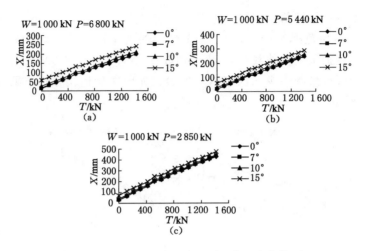

图 4-22　$W = 1\,000$ kN 时不同工作阻力条件下
X 随 T 的变化关系

① 由图 4-20 至图 4-22 可以看出,在掩护梁背矸量和立柱工作阻力一定的情况下,液压支架顶梁仰角 φ 取不同值时,作用在支架顶梁上的外载合力作用点距柱窝距离 X 均随着支架平衡千斤顶拉力 T 的增大而增大。在平衡千斤顶不受力的情况下,即 $T = 0$ kN,外载合力作用点距柱窝距离 X 取得最小值,如图 4-20(a)所示,其最小值 $X = 3.9$ mm;在平衡千斤顶拉力达到其额定工作阻力时,即 $T = 1\,481$ kN,外载合力作用点距柱窝距离 X 取得最大值,如图 4-22(c)所示,其最大值 $X = 428$ mm。

② 由图 4-20 至图 4-22 可以看出,在掩护梁背矸量和立柱工作阻力一定的条件下,平衡千斤顶拉力一定时,顶梁外载合力作用点距柱窝距离 X 都随顶梁仰角的增大而增大。可见,随顶梁仰角的增加,外载合力作用点远离柱窝,这样不利于支架的稳定。

③ 由图 4-23 至图 4-25 可以看出:在平衡千斤顶拉力和支架工作阻力一定条件下,作用在支架顶梁上外载合力作用点距柱窝的距离 X,随着作用在掩护梁上的背矸量 W 的增加而增加。

④ 由图 4-23 至图 4-25 可以看出:在平衡千斤顶拉力 T 和支架工作阻力 P 及掩护梁上背矸量 W 一定条件下,顶梁不同仰角对外载合力作用点位置的影响规律是:随着仰角的增大,作用在顶梁上的外载合力作用点距柱窝的距离 X 将增大;在平衡千斤顶拉力 T 一定时,随着支架工作阻力 P 的增加,外载合力作用点距柱窝的距离 X 将减小。

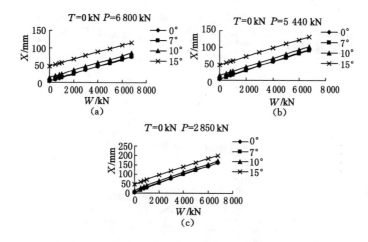

图 4-23　平衡千斤顶拉力 $T=0$ kN 时不同工作阻力
条件下 X 随 W 的变化关系

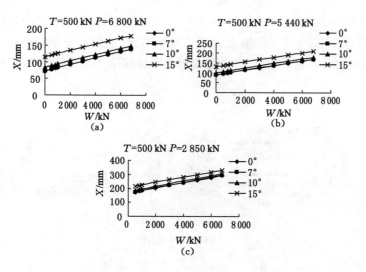

图 4-24　平衡千斤顶拉力 $T=500$ kN 时不同工作阻力
条件下 X 随 W 的变化关系

⑤ 由图 4-26 至图 4-28 可以看出：在平衡千斤顶拉力和掩护梁上背矸量 W 一定的条件下，作用在顶梁上的外载合力作用点距立柱柱窝的距离 X，随着支架工作阻力 P 的减小而增大，随着 T 和 W 的增加，X—P 关系呈类双曲线关系。

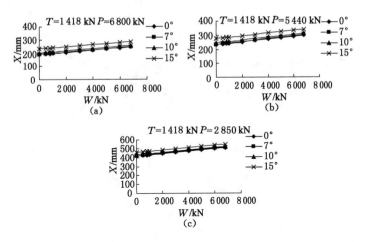

图 4-25　平衡千斤顶拉力 $T=1\,418$ kN 时不同工作阻力
条件下 X 随 W 的变化关系

⑥ 从图 4-26 至图 4-28 可以明显看出：在平衡千斤顶拉力 T 和掩护梁背矸量 W 一定条件下，支架工作阻力 P 取不同值时，顶梁仰角与作用在其上的外载合力作用点的位置关系为：外载合力作用点距柱窝距离 X 均随着顶梁仰角的增加而增加。

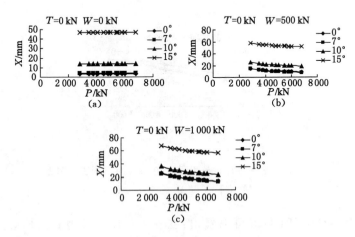

图 4-26　平衡千斤顶拉力 $T=0$ kN 时不同
背矸量条件下 X 随 P 的变化关系

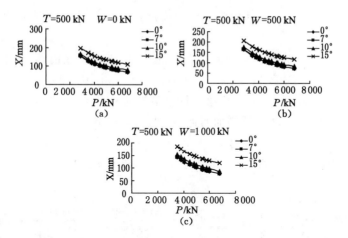

图 4-27 平衡千斤顶拉力 $T=500$ kN 时不同
背矸量条件下 X 随 P 的变化关系

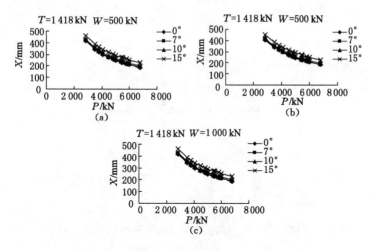

图 4-28 平衡千斤顶拉力 $T=1\ 418$ kN 时不同
背矸量条件下 X 随 P 的变化关系

（2）两柱式放顶煤液压支架低头工作状态时

由上述对支架不同工作状态下的受力分析可知,支架在低头工作状态时,外载合力作用点位置参数 x 的力学关系式为式(4-5)。

顶梁俯角 φ 的取值为 $0°,5°,7°,10°,d=450$ mm，$\alpha=9°$,平衡千斤推力 T 的取值范围为 $0\sim2\ 150$ kN($2\ 150$ kN 为平衡千斤顶额定推力,规定为负),作用在掩护梁上的外载合力 $W=0$ kN(考虑两柱式放顶煤液压支架放煤后,掩护梁上背矸量较少的极限情况），其他参数如前文所述。分析结果如图 4-29 和图 4-30 所示。

① 两柱掩护式放顶煤液压支架在放煤后，由于切顶线前移，加上掩护梁上背矸量的大大减少，支架容易形成低头状态工作。由图 4-29 可知：在支架工作阻力 P 一定的条件下，作用在顶梁上的外载合力作用点距柱窝距离 X，随着液压支架平衡千斤顶推力 T 的增加而远离立柱柱窝位置。当俯角超过 7°时，如图 4-29(c)所示，在 $P=2\,850$ kN、$T=-2\,150$ kN 条件下，作用在支架顶梁上的外载合力作用点距柱窝距离最远，其值为 $X=-668$ mm。

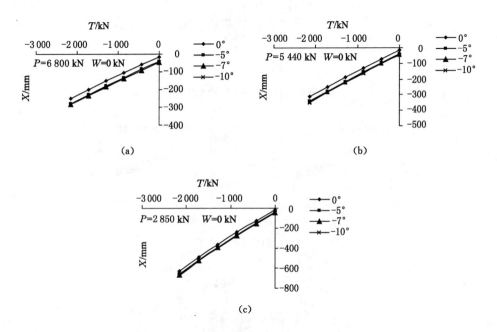

图 4-29　$W=0$ kN 时不同工作阻力条件下 X 随 T 的变化关系

② 在支架工作阻力 P 和平衡千斤顶推力 T 一定的情况下，随着支架顶梁俯角的减小，作用在顶梁上的外载合力作用点将靠近立柱柱窝位置，在平衡千斤顶不受力时，即 $T=0$ kN、$\varphi=0$°时，最靠近柱窝，如图 4-29(a)所示，最小值为 $X=-15$ mm。

③ 由图 4-30 可以看出：(a)、(b)图中，在平衡千斤顶推力 T 一定时，作用在顶梁上的外载合力作用点距立柱柱窝距离 X，随着支架工作阻力的增加而减小。从(c)图可看出，在平衡千斤顶不受力和掩护梁上背矸量很小时，支架顶梁俯角取不同值时，作用在顶梁上的外载合力作用点距柱窝距离 X，在支架

工作阻力 $P=2\,850\sim6\,800$ kN 范围内均是定值,即不受支架工作阻力变化的影响。

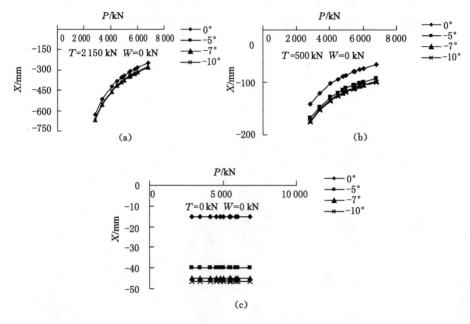

图 4-30　$W=0$ kN 时平衡千斤顶不同推力条件下 X 随 P 的变化关系

④ 由图 4-30 还可以看出:在平衡千斤顶推力 T 一定条件下,随着支架顶梁俯角的增加,作用在顶梁上的外载合力作用点距立柱柱窝的距离 X 将增大。在平衡千斤顶推力 $T=0$ kN、$\varphi=0°$ 时,取得最小值,其值 $X=15$ mm;在平衡千斤顶推力达到额定工作阻力时,即 $T=2\,150$ kN、$\varphi=7°$ 时,取得最大值,其值 $X=688$ mm。

4.2.3　保持两柱掩护式放顶煤液压支架合理工作状态的措施建议

由上述分析可知,支架掩护梁上的背矸量、支架立柱阻力、平衡千斤顶的推拉力以及顶梁仰俯角的大小等都会影响支架顶梁外载合力作用点距离立柱上铰点位置的变化,当这种变化超出了支架支护的平衡区后,就会产生过度低头和抬头的不良工作状态。因此,在实际生产中,建议采取如下措施:(1)保持工作面端面煤岩的稳定,防止产生大量的片帮及端面冒顶;(2)保持支架较高的支护阻力,提高支架的支撑效果和稳定性;(3)根据煤层的软硬条件,合理确定放煤工艺参数,保持合理的放煤工序,避免出现过量放煤现象;(4) 保持合理的采高,避免较小的采高造成支架掩护梁上较多的背矸量;(5) 根据煤层的赋存条件合理设计支架结构及参数,使支架有较高的可靠性和适应性;(6) 合理操作支架的动作顺序,提高装备管理水平,避免人为因素影响支架的工作状态。

5 两柱掩护式综放支架的承载特征及其稳定性

为了验证分析两柱掩护式放顶煤液压支架在工作面实际应用中的承载状况、受放煤工序影响下的动态稳定性,以及支架结构件的受力状况等,在兴隆庄煤矿 4301 综放工作面安装了 30 架两柱掩护式综放支架,与四柱支掩式综放支架进行了对比试验。本章主要实测分析了两柱掩护式综放支架在放煤前、后,支架的立柱、平衡千斤顶、前后连杆、掩护梁等结构件的受力变化,并与四柱支掩式综放支架进行了对比,同时对两柱掩护式支架的位态进行了观测,分析了两柱掩护式放顶煤液压支架的稳定性及其实际应用效果。

5.1 试验工作面条件

5.1.1 工作面的地质与生产条件

4301 综放工作面位于四采区浅部,西南为切眼,以井田边界辅子断层保护煤柱与杨庄煤矿相邻,东北到红旗四村保护煤柱为止。工作面上方为四采区浅部防水煤柱(跨越第四系 70 m 防水煤柱),还有 4300 设计工作面;下方为 4303 工作面采空区(于 1999 年回采完毕)。工作面标高 −189.0～−243.5 m,埋藏深度 238.03～193.22 m。

工作面面积 120 060 m²。工作面面长 176 m,推进长度 667 m,工业储量 130 万 t,设计采出煤量 108.8 万 t,工作面设计回采率 83.7%。

工作面所采煤层为下二叠统山西组底部之 $3_\text{下}$ 煤,煤层产状平缓,裂隙发育,结构复杂,距离煤层顶板 2.7 m 夹一层 0.03 m 厚的炭质细砂岩夹矸,局部地段夹有两层夹矸;见煤点均可采,可采指数为 1;变异系数 11.2;煤层厚度为 5.85～9.40 m,加权平均厚度 8.2 m,属特厚煤层,煤层较稳定;沿工作面倾向煤层倾角为 4°～9°,工作面推进方向煤层倾角为 3°～10°,平均 4°,为近水平煤层;在工作面中部发育一古河冲刷带。煤层坚固性系数 $f = 2.3$。煤层顶底板情况见表 5-1。

本面煤层总体上为一向 SE 倾斜的单斜构造,发育次一级波状起伏,煤层体倾向 SE～SEE,倾角 3°～10°,平均 5°。在切眼和下巷发育四采区三号断层(见

表 5-2):$183°\angle72°H=1\sim4.8\text{ m}$;在工作面中部发育一古河流冲刷带,走向 EW,冲刷宽度约 180 m,在面中延长度约 230 m,最大冲刷深度 2.7 m。

表 5-1 煤层顶底板情况表

顶底板名称	岩石名称	厚度/m	岩 性 特 征
基本顶	中砂岩	13.1	顶部含粉砂岩包体和煤纹,斜层理,灰至灰白色,分选性差
直接顶	细砂岩	4.6	灰色,较致密坚硬,上部以水平层理为主,见少量植物碎片
	粉砂岩	5.3	深灰色,较粗糙,上部富含化石,较松软
伪顶	泥岩	0.6	深灰色,含炭质,较松软
伪底	泥岩	0.8	灰色,含少量根化石,团块状结构,遇水膨胀,成糊状
直接底	粉砂岩	5.6	深灰色,颗粒自上而下渐粗,缓波状层理
老底	中砂岩	10.4	灰白色,长石、石英为主,顶部见炭屑,颗粒上粗下细

表 5-2 工作面断层

断层名称	走向/(°)	倾向/(°)	倾角/(°)	性质	落差/m	对生产影响程度
四采区三号	3	183	72	正	1~4.8	较大

5.1.2 工作面的主要配套设备

4301 工作面设备总体配套方案如表 5-3 所示。

表 5-3 工作面设备总体配套方案

序号	设备名称		规格型号	数量	备 注
1	采煤机		MGTY400/930-3.3D	1	
2	支架(119组)	中间架	ZFS6200/18/35	83	
		中间架	ZFY6800/18.5/35	30	两柱掩护式综采放顶煤液压支架(试验)
		端头架	ZTF6500/19/32	6	
3	前部运输机		SGZ-1000/2×700	1	
4	后部运输机		SGZ-1000/2×700	1	
5	转载机		SZZ-1000/525	1	
6	破碎机		PCM200	1	
7	胶带输送机	上巷	SSJ-1200/3×315	1	
		运煤巷	SSJ-1200/2×315	1	
8	乳化液泵		GRB-400/31.5	3	
9	清水泵		KPB-315/16	3	

工作面两柱掩护式放顶煤液压支架布置位置：自下而上依次为：3 组 ZTF6500/19/32 型排头支架、15 组 ZFS6200/18/35 型放顶煤液压支架、30 组 ZFY6800/18.5/35 型两柱掩护式放顶煤液压支架、68 组 ZFS6200/18/35 型放顶煤液压支架、3 组 ZTF6500/19/32 型排头支架，如图 5-1 所示。

5.1.3　生产工艺

（1）采煤方法

该工作面采用单一走向长壁综采放顶煤一次采全高全部垮落采煤法。

（2）工艺流程

前部刮板输送机机头（尾）斜切进刀──→上（下）行割煤──→移支架──→推前部刮板输送机──→放顶煤──→拉后部刮板输送机。

（3）放煤工艺

采用端部进刀，一刀一放，单轮顺序放煤。

（4）作业方式

采用"四六"工作制，即三个班生产，一个班检修，编制劳动组织表。

5.2　观测分析内容

工作面试验除了验证该支架与采煤机、前后部刮板输送机等设备的配套性能，检验支架电液控制系统的各项主要参数和性能指标是否达到设计要求，以及对实际操作过程的适应性，检验支架喷雾防尘及照明系统的各项主要参数和性能指标是否达到设计要求外，重点对两柱掩护式放顶煤液压支架在放煤工序中，即放煤前、放煤后的如下内容进行了观测研究。

（1）立柱支护阻力的动态变化；

（2）平衡千斤顶阻力的动态变化；

（3）支架外载的动态变化；

（4）掩护梁的受力大小和方向；

（5）前连杆的受力大小和方向；

（6）后连杆的受力大小和方向；

（7）工作面端面顶煤的稳定性；

（8）支架位态的动态变化；

（9）支架移架速度。

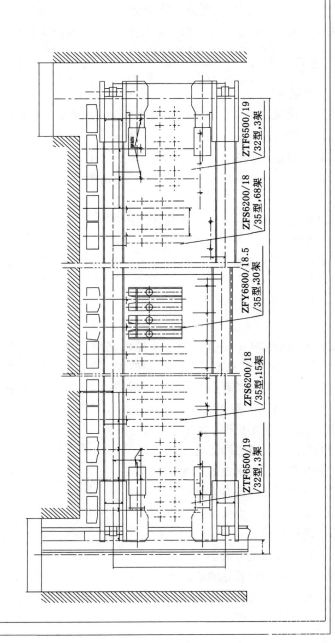

图 5-1　工作面设备配套及支架布置图

5.3 支架立柱及平衡千斤顶阻力观测

两柱掩护式放顶煤液压支架立柱和平衡千斤顶的受力测试主要借助安装于立柱和平衡千斤顶的圆图压力自记仪进行。根据研究内容,在两柱放顶煤支架区布设两条测线,测线间隔10架支架。每条观测线设两架支架,分别设在81#、82#和91#、92#支架上,测线的布置方式如图5-2所示。在支架的上、下两个立柱和两个平衡千斤顶的前、后腔分别安装圆图压力自记仪,记录立柱和平衡千斤顶的受力情况。在圆图压力自记仪上读取立柱活柱及平衡千斤顶前、后腔内液体压强,然后换算成立柱及平衡千斤顶的受力。

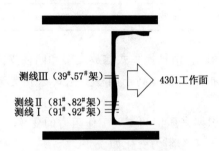

图 5-2　工作面测线布置示意图

5.3.1　支架支护阻力观测

观测统计结果如表5-4所示。

（1）两柱掩护式综放支架

初撑力平均 3 175.1 kN/架,最大 4 213.2 kN/架,分别占支架额定初撑力的 62.7% 和 83.2%。

时间加权阻力平均 4 588.6 kN/架,最大 5 933 kN/架,分别占支架额定工作阻力的 67.5% 和 87.3%。

末阻力平均 5 055.6 kN/架,最大 6 734 kN/架,分别占支架额定工作阻力的 74.3% 和 99%。

（2）四柱支撑掩护式综放支架

初撑力平均 2 615.6 kN/架,最大 3 962.4 kN/架,分别占支架额定初撑力的 50.3% 和 76.2%。

时间加权阻力平均 3 076 kN/架,最大 5 213.4 kN/架,分别占支架额定工作阻力的 49.6% 和 84.1%。

末阻力平均 3 608.4 kN/架,最大 5 899 kN/架,分别占支架额定工作阻力的 58.2% 和 95%。

表 5-4　　　　　　　　4301 工作面支架支护阻力数据整理表

支架阻力	两柱掩护式支架				四柱支撑掩护式支架			
	平均值/kN	占额定值的百分比/%	最大值/kN	占额定值的百分比/%	平均值/kN	占额定值的百分比/%	最大值/kN	占额定值的百分比/%
初撑力	3 175.1	62.7	4 213.2	83.2	2 615.6	50.3	3 962.4	76.2
时间加权阻力	4 588.6	67.5	5 933	87.3	3 076	49.6	5 213.4	84.1
末阻力	5 355.6	78.8	6 734	99	3 608.4	58.2	5 899	95

由以上分析可以看出,两柱掩护式综放支架和四柱支掩式综放支架相比,两柱掩护式综放支架支护阻力明显高于四柱支掩式综放支架,支护阻力得到了充分发挥。

（3）初次来压与周期来压期间支架工作阻力的变化

初次来压期间支架工作阻力变化如表 5-5 所示。

表 5-5　　　　　　　　初次来压期间支架工作阻力变化

	来压前		来压期间	
	数值/kN	占额定值的百分比/%	数值/kN	占额定值的百分比/%
两柱掩护式支架	4 281	63.0	5 779.9	85.0
四柱支撑掩护式支架	3 215.8	51.9	4 566.5	73.7

周期来压期间支架工作阻力变化如表 5-6 所示。

表 5-6　　　　　　　　周期来压期间支架工作阻力变化

	来压前		来压期间	
	数值/kN	占额定值的百分比/%	数值/kN	占额定值的百分比/%
两柱掩护式支架	4 740	69.7	5 688	83.6
四柱支撑掩护式支架	3 495	56.4	4 404	71.0

统计结果表明,无论是初次来压期间还是周期来压期间,两柱掩护式支架的支护阻力均明显高于四柱支掩式支架,说明两柱掩护式支架支护阻力的利用率高,更有利于对顶板的控制。

（4）支架支护阻力分布

图 5-3 为统计分析得到的两柱掩护式综放支架支护阻力(P_t、P_m)频率分布直方图。

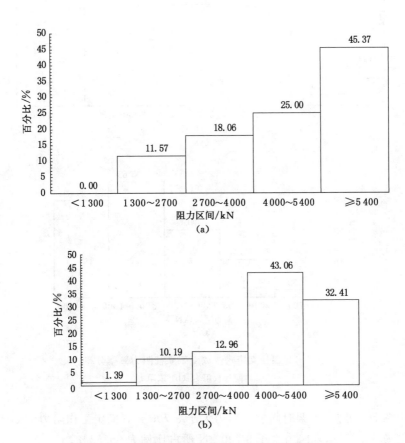

图 5-3 两柱掩护式综放支架立柱阻力频率分布

（a）时间加权阻力；（b）末阻力

由图 5-3 可知,支架时间加权阻力分布主要在 4 000～6 800 kN 的范围内,所占比例为 70.37％；末阻力大于 4 000 kN（额定工作阻力的 60％）的比例为 75.46％。

图 5-4 为统计分析得到的四柱支掩式综放支架支护阻力（P_t、P_m）频率分布直方图。

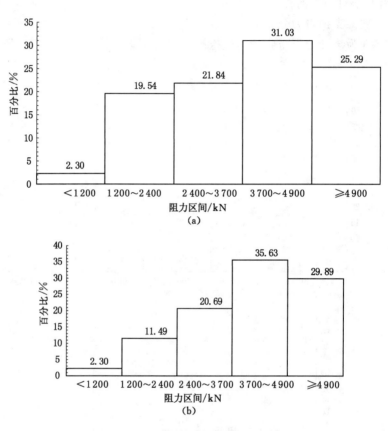

图 5-4　四柱支掩式综放支架立柱阻力频率分布
（a）时间加权阻力；（b）末阻力

由图 5-4 可知,支架时间加权阻力大于 3 700 kN（额定工作阻力的 60%）所占比例为 56.32%,末阻力大于 3 700 kN 所占比例为 65.52%。

（5）立柱支护阻力在放煤前、放煤后、移架后的变化

现场实测分析了放煤工序对支架阻力的影响。实测得到立柱支护阻力在放煤前、放煤后、移架后的变化见表 5-7。

计算结果表明:

① 放煤前工作阻力平均 5 705.3 kN/架,最大 6 510.6 kN/架,分别占支架额定工作阻力的 83.9% 和 95.7%。

表5-7 支架受力观测分析结果

工序		支架阻力/(kN/架)	平衡千斤顶压力/kN		顶梁外载			掩护梁外载			顶梁-掩护梁夹角/(°)	顶梁仰角/(°)
			前腔	后腔	大小/kN	与竖直方向夹角/(°)	作用点(正值为柱窝后距离,负值为柱窝前距离)/mm	大小/kN	与竖直方向夹角/(°)	作用点(距顶梁-掩护梁连接销距离)/mm		
结果1	放煤前	5 497.92	233.8	1 246.0	4 382.82	6	−60	2 532.3	9	1 248	138	0
	放煤后	2 829.42	66.8	1 907.1	2 123.64	13	−388	2 257.35	37	1 498	137	2
	移架后	2 475.66	367.4	737.4	2 226.25	12	169	2 940	13	972	147	−1
结果2	放架前	6 510.6	400.8	1 017.1	4 435.38	6	24	3 437.85	18	990	145	0
	放架后	3 617.1	0.0	1 729.1	3 214.26	11	−418	2 191.05	31	1 496	145	0
	移架后	3 327.66	501.0	1 627.4	2 186.28	13	164	2 745	11	863	141	0
结果3	放煤前	6 076.62	33.4	0.0	3 500.1	5	56	3 628.65	16	879	149	2
	放架后	4 919.22	0.0	1 907.1	4 519.08	9	−346	2 008.05	23	1 616	147	0
	移架后	6 365.88	367.4	762.9	4 309.6	6	153	2 524.2	21	846	160	5
结果4	放架前	5 642.64	33.4	152.6	3 404.52	5	−76	3 041.4	19	825	152	4
	放架后	3 327.66	0.0	610.3	2 482.92	9	−286	2 681.7	11	1 340	153	4
	移架后	2 250.5	1 001.9	356.0	2 047.5	6	112	3 620.7	17	675	153	5
结果5	放架前	6 173.12	200.4	254.3	4 583.52	4	−87	3 481.05	12	903	150	9
	放架后	4 340.34	200.4	915.4	2 685.42	9	−398	2 988.15	19	1 376	151	9
	移架后	3 761.64	167.0	0.0	3 290.94	1	79	636.9	24	551	148	5
结果6	放煤前	4 331	559.4	762.9	4 583.52	16	146	2 562.3	21	984	150	2
	放煤后	2 893.6	50.9	1 246.0	2 953.62	17	−318	837	13	1 633	151	2
	移架后	2 250.6	1 036.0	152.6	3 290.94	19	168	678	16	951	148	3

② 放煤后工作阻力平均 3 654.5 kN/架,最大 4 919.22 kN/架,分别占支架额定工作阻力的 53.7% 和 72.3%。和放煤前相比,工作阻力分别减小了 2 050.8 kN/架和 1 561.38 kN/架。

③ 移架后工作阻力平均 3 405.3 kN/架,最大 6 365.9 kN/架,分别占支架额定工作阻力的 50.1% 和 93.6%。

由此可见,支架立柱由放煤前到放煤后这一过程是一个阻力下降的过程,而移架支撑顶板后到放煤前立柱处于阻力增长状态。

5.3.2 平衡千斤顶受力

观测统计结果如表 5-8 所示。

表 5-8　　　　两柱掩护式综放支架平衡千斤顶阻力数据整理表

	工作阻力			
	平均值/kN	占额定值的百分比/%	最大值/kN	占额定值的百分比/%
前腔	318.6	22.5	1 176.8	83.0
后腔	843.23	39.2	2 540	118.1
后腔－前腔	524.63		973.2	

（1）前腔

工作阻力平均 318.6 kN/架,最大 1 176.8 kN/架,分别占额定工作阻力的 22.5% 和 83%。

图 5-5 所示为两柱掩护式综放支架平衡千斤顶前腔工作阻力分布的统计情况。

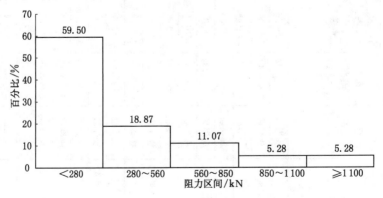

图 5-5　平衡千斤顶前腔工作阻力频率分布情况

统计结果表明,平衡千斤顶前腔大部分情况下处于较低的工作阻力状态,前腔工作阻力小于 560 kN(额定工作阻力的 40%)的比例为 78.37%。

(2) 后腔

工作阻力平均 843.23 kN/架,最大 2 540 kN/架,分别占额定工作阻力的 39.22% 和 118.1%。

图 5-6 所示为两柱式支架平衡千斤顶后腔工作阻力分布情况。

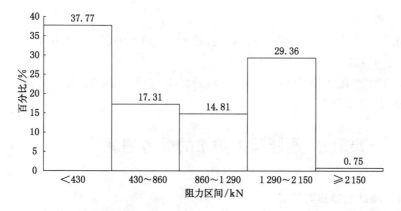

图 5-6 平衡千斤顶后腔工作阻力频率分布情况

统计结果表明,平衡千斤顶后腔阻力大于其额定工作阻力 60% 的比例为 30.31%,大于其额定工作阻力 40% 的比例为 45.12%。前腔和后腔压力相比,平均阻力后者大于前者。

观测统计表明,平衡千斤顶前腔工作阻力大于后腔工作阻力的频率为 21.5%,小于后腔工作阻力的频率为 75.7%。如表 5-9 所示。

表 5-9　　　　　　　　　平衡千斤顶前、后腔压力值对比分布

	前腔阻力＞后腔阻力	前腔阻力＜后腔阻力	其他
频率/%	21.5	75.7	2.8

统计表明,平衡千斤顶前腔处于恒阻与增阻状态的比例为 53.3%,而后腔则为 62.5%。说明平衡千斤顶后腔发挥调节作用的频率比前腔高。

(3) 平衡千斤顶支护阻力在放煤前、放煤后、移架后的变化

① 放煤前

前腔工作阻力平均 243.5 kN/架,最大 560.1 kN/架,分别占其额定工作阻力的 17.2% 和 39.5%。

后腔工作阻力平均 572.1 kN/架，最大 1 246 kN/架，分别占其额定工作阻力的 26.6％和 58.0％。

② 放煤后

前腔工作阻力平均 53.0 kN/架，最大 200.4 kN/架，分别占其额定工作阻力的 3.7％和 14.1％。

后腔工作阻力平均 1 385.9 kN/架，最大 1 907.1 kN/架，分别占其额定工作阻力的 64.5％和 88.7％。

③ 移架后

前腔工作阻力平均 573.4 kN/架，最大 1 036 kN/架，分别占其额定工作阻力的 40.4％和 73.1％。

后腔工作阻力平均 606.0 kN/架，最大 1 627.4 kN/架，分别占其额定工作阻力的 28.2％和 75.7％。

5.4　支架前、后连杆及掩护梁的受力测试

5.4.1　测试的原理与方法

由材料力学中的应力与应变关系可知：

$$\sigma_x = \frac{E}{1-\mu^2}(\varepsilon_x + \mu\varepsilon_y) \tag{5-1}$$

$$\sigma_y = \frac{E}{1-\mu^2}(\varepsilon_y + \mu\varepsilon_x) \tag{5-2}$$

$$\tau_{xy} = G\gamma_{xy} \tag{5-3}$$

式中，σ_x，σ_y，τ_{xy} 和 ε_x，ε_y，γ_{xy} 分别为沿坐标方向的应力和应变；E 为材料的弹性模量；G 为剪切模量；μ 为材料的泊松比。

若其主方向已知，则令 $\varepsilon_x = \varepsilon_1$，$\varepsilon_y = \varepsilon_2$，$\gamma_{xy} = 0$，可得：

$$\sigma_1 = \frac{E}{1-\mu^2}(\varepsilon_1 + \mu\varepsilon_2) \tag{5-4}$$

$$\sigma_2 = \frac{E}{1-\mu^2}(\varepsilon_2 + \mu\varepsilon_1) \tag{5-5}$$

若主方向未知，则采用三相应变测量，其计算公式为：

$$\frac{\sigma_1}{\sigma_2} = \frac{E}{2}\left[\frac{\varepsilon_{0°} + \varepsilon_{90°}}{1-\mu^2} \pm \frac{1}{1-\mu} \sqrt{(\varepsilon_{0°} - \varepsilon_{90°})^2 + 2(\varepsilon_{45°} - \varepsilon_{0°} - \varepsilon_{90°})^2}\right] \tag{5-6}$$

利用电阻应变测量技术，测得连杆的应变，再由式(5-1)至式(5-6)可计算得到连杆的应力。

5.4.2 电阻应变测试仪及其原理简介

本次在对 4301 综放工作面两柱掩护式放顶煤液压支架前、后连杆及掩护梁进行内力测试过程中,考虑到井下测试的防爆要求,采用了煤炭科学研究总院开采所研制的 YJK-4500 型防爆电阻应变仪,应变片选用 BX120-5AA 型。该应变测试仪器,具有测试性能稳定、抗干扰能力强等特点,从而保证了测试结果的可靠性。前、后连杆及掩护梁受力的测试仪器由电阻应变片(如表 5-10 所示)和电阻应变仪组成,应变的记录主要由人工完成。

表 5-10 常见的一些应变片

应变片形式	型号	敏感栅尺寸/mm		基底尺寸/mm	
		长	宽	长	宽
	BX120-5AA	5.0	3.0	9.5	5.3
	BX120-6AA	6.0	4.0	10.0	4.5
	BX120-7AA	7.0	4.0	12.0	7.0
	BX120-2CA(XX)	2.0	1.0	7.2	7.2
	BX120-3CA(XX)	3.0	2.0	11.5	11.5
	BX120-5CA(XX)	5.0	3.0	16.5	16.5
	BX120-10CA(XX)	10.0	2.0	19.6	19.6

电阻应变法测量是将作为敏感元件的电阻应变片粘贴在被测试的物件或专用传感器弹性元件表面,根据所测参数种类、特点和大小确定粘贴应变片的规格、数量、位置和方向。随着构件或弹性元件受力变形,应变片的敏感栅也产生相应的变形,使其阻值发生变化,且电阻的变化与构件表面的应变呈一定比例。电阻应变片阻值发生变化,则测量电阻桥输出的信号也随之变化。测量电桥输出的信号输入应变仪的前置放大后,再经过适当变换(如相敏整流或 A/D 转换等),最后可显示出测量结果,即构件或弹性元件的应变值。

5.4.3 测点布置与应变片的粘贴

两柱掩护式放顶煤液压支架连杆可视为弹性杆体,可简化为二力构件,其受力状态主要表现为拉伸和压缩,因而仅需在沿连杆轴线方向粘贴应变片。考虑到支架可能产生的偏载情况,在支架的两个前连杆和一个后连杆的两侧及掩护梁上均布置有两个测点,每个支架布置有八个测点,每个测点粘贴两片应变片。其测点布置如图5-7所示。

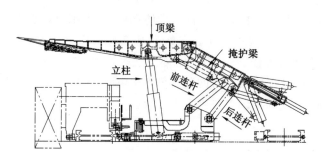

图 5-7　两柱掩护式放顶煤支架受力测试部位示意图

电阻应变片的粘贴质量及防护措施好否,直接影响到测试结果的可靠性,甚至关系到本研究的成功与否。考虑到井下工作面环境的恶劣情况,在井下粘贴应变片时采取了一定的措施:首先在井上把应变片进行一些处理,把应变片的两引线焊接在特殊插座上,这样便于井下测量。在粘贴应变片的部位,先用打磨砂纸把表面打磨平整干净,在应变片上涂一层薄薄的502胶水,然后粘贴在测试部位,粘贴时,在电阻应变片的引出脚线下面也要粘贴一块绝缘胶布,以保证与试件的绝缘性,等5 min后,再把502胶水均匀地涂在应变片上,用来防水、防潮,在集中测试的过程中,布置测点的支架不应冲水。总之,在井下测试时应防止应变片的受潮、腐蚀和脱落,确保应变片自始至终能正确地传递应变。

5.4.4　掩护梁和连杆应变测试结果

在两柱掩护式液压支架井下试验期间,进行了集中跟班测试,重点观测放煤前、放煤后掩护梁和各连杆所布置测点的应变值,测试结果采用人工方式记录,同时测量支架的位态。测试结果如表5-11所示。

根据式(5-4)和式(5-5),取材料(16Mn)弹性模量 $E=200$ GPa,$\mu=0.285$,将其测得的应变换算成掩护梁和各连杆应力,掩护梁和各连杆所受的力与应力的关系为:$P=\sigma A$。式中,σ 为掩护梁及各连杆的应力;A 为连杆及掩护梁的横截面积。掩护梁和前、后连杆在放煤前、后的内力如表5-12所示。

表 5-11　掩护梁及连杆测试结果

时间 月-日/时:分	掩护梁上 1#应变值/με	掩护梁上 2#应变值/με	掩护梁上 角度/(°)	掩护梁下 1#应变值/με	掩护梁下 2#应变值/με	掩护梁下 角度/(°)	前连杆上 1#应变值/με	前连杆上 2#应变值/με	前连杆上 角度/(°)	前连杆下 2#应变值/με	前连杆下 角度/(°)	后连杆上 1#应变值/με	后连杆上 2#应变值/με	后连杆上 角度/(°)	后连杆下 1#应变值/με	后连杆下 2#应变值/με	后连杆下 角度/(°)	前梁 角度/(°)
4-7/22:30 放煤前	2 547	5 830	42	3 908	3 056	42	2 850	−600	42	3 179	42	3 900	3 220	58	3 350	4 050	58	3
1:50 放煤后	2 781	5 492	45	3 915	3 080	45	2 750	−650	43	3 220	43	3 820	3 110	57	3 330	3 900	57	−6
4-8/7:55 放煤前	2 524	5 782	35	2 940	3 680	35	2 530	−698	40	3 174	40	2 846	3 220	54	3 932	3 348	54	4
8:20 放煤后	2 557	5 834	35	2 932	3 580	35	2 546	−945	40	3 235	40	2 783	3 619	54	3 763	3 260	54	−7
4-9/9:55 放煤前	2 776	5 438	39	2 840	3 203	39	2 340	−859	33	3 146	33	3 580	2 465	47	3 050	3 785	47	5
10:05 放煤后	2 585	5 365	33	2 865	3 195	33	2 180	−870	43	2 975	43	3 815	2 635	57	3 078	3 675	57	−4
4-10/9:55 放煤前	2 318	5 030	22	3 017	3 135	22	3 220	−403	23	3 045	23	3 950	2 770	33	3 320	3 910	33	7
10:10 放煤后	2 380	4 760	31	3 085	3 130	31	3 524	−773	26	3 165	26	3 940	2 680	40	3 520	4 060	40	−4
4-11/10:00 放煤前	2 819	5 561	39	3 085	3 251	39	2 270	−828	33	3 410	37	3 178	2 178		3 778	3 536	48	2
10:30 放煤后	2 723	5 745	33	2 992	3 300	34	3 630	−801	34	3 040	33	3 002	2 942	48	3 858	3 259	45	−5
4-12/10:06 放煤前	2 430	5 800	35	2 830	3 097	34	3 430	−689	45	3 617	45	3 802	2 920	59	3 090	3 346	61	9
10:40 放煤后	2 395	5 036	39	2 973	3 481	40	3 286	−705	39	3 135	37	4 320	3 435	56	3 376	3 002	56	−4

表 5-12		掩护梁及连杆的内力		
时间	工序	掩护梁内力/kN	前连杆内力/kN	后连杆内力/kN
4-7/22:30	放煤前	1 950.48	938.04	486.84
1:50	放煤后	970.92	929.88	−508.44
4-8/7:55	放煤前	2 066.68	886.68	557.28
8:20	放煤后	773.12	873.6	−552.54
4-9/9:55	放煤前	2 254	837.84	585.24
10:05	放煤后	1 323.16	776.28	−565.86
4-10/9:55	放煤前	2 465.96	973.92	521.04
10:10	放煤后	1 506.56	994.8	−506.04
4-11/10:00	放煤前	2 125.48	896.52	597.853
10:30	放煤后	1 113.16	974.16	−574.371
4-12/10:00	放煤前	2 282	1 102.085	568.57
10:30	放煤后	1 358.16	967.1467	−510.007

计算结果表明:

(1) 放煤前,支架掩护梁所受内力最大为 2 465.96 kN,最小为 1 950.48 kN,平均为 2 190.76 kN;前连杆所受内力最大为 1 102.08 kN,最小为 837.84 kN,平均为 939.18 kN;后连杆所受内力最大为 597.85 kN,最小为 486.84 kN,平均为 552.80 kN。

(2) 放煤后,支架掩护梁所受内力最大为 1 506.56 kN,最小为 773.12 kN,平均为 1 174.18 kN;前连杆所受内力最大为 994.8 kN,最小为 776.28 kN,平均为 919.31 kN;后连杆所受内力最大为 −506.04 kN,最小为 −574.37 kN,平均为 −536.21 kN。

由计算分析可以看到,放煤前与放煤后相比,由于掩护梁上堆积的煤矸石较多,要承受较大的外载,又加上受顶梁的影响,所测得的内力较大;支架前连杆在放煤前、后主要受到压力作用;后连杆在放煤前受到压力作用,在放煤后受到拉力作用。

5.5 支架外载合力随回采工序的变化规律

根据集中观测测点应变时记录的时间,在圆图压力自记仪上读出对应的立柱及平衡千斤顶的压力,然后根据两柱掩护式放顶煤液压支架不同状态下的受力分析表达式,得出相应的外载合力。不同采煤工序下,支架外载合力计算结果如表 5-13 所示。

表 5-13 支架所受外载

工序		顶梁外载			掩护梁外载			顶梁-掩护梁夹角 /(°)	顶梁仰角 /(°)
		大小 /kN	与竖直方向夹角 /(°)	作用点(柱窝前为负,后为正) /mm	大小 /kN	与竖直方向夹角 /(°)	作用点(距顶梁-掩护梁连接销距离) /mm		
结果 1	放煤前	2 434.9	6	−6	688.2	11	1 248	138	3
	放煤后	1 179.8	13	−328	104.9	27	1 498	137	−6
结果 2	放煤前	2 464.1	6	124	1 291.9	18	990	145	4
	放煤后	1 785.7	11	−418	60.7	25	1 496	145	−7
结果 3	放煤前	1 944.5	5	156	819.1	16	879	149	5
	放煤后	2 510.6	9	−346	138.7	23	1 616	147	−4
结果 4	放煤前	2 891.4	5	329	1 027.6	19	825	152	7
	放煤后	1 379.4	9	−286	287.8	11	1 340	153	−4
结果 5	放煤前	2 546.4	4	−8	1 020.7	12	450	150	2
	放煤后	1 491.9	9	−298	292.1	19	1 376	151	−5
结果 6	放煤前	2 564.5	16	246	1 708.2	21	984	150	9
	放煤后	1 640.9	17	−88	358.0	13	1 633	151	−4

计算结果表明:

(1) 放煤前顶梁所受顶板压力的合力作用点范围在柱窝前 87 mm 至柱窝后 146 mm。合力大小平均 4 148.31 kN,最大 4 583.52 kN。合力方向与竖直方向的夹角为 4°～16°,指向采空区。掩护梁所受外载合力作用点范围为距支架顶梁-掩护梁连接销 825～1 248 mm。合力大小平均 3 113.9 kN,最大 3 628.65 kN。其方向与竖直方向的夹角为 9°～21°,指向煤壁。

(2) 放煤后顶梁所受顶板压力的合力作用点范围在柱窝前 286 mm 至柱窝前 418 mm。合力大小平均 2 996.49 kN,最大 4 519.08 kN。与竖直方向的夹角为 9°～17°,指向采空区。掩护梁所受外载合力作用点范围为距支架顶梁-掩护梁连接销 1 430～1 633 mm。合力大小平均 2 160.55 kN,最大 2 988.15 kN。与竖直方向的夹角为 11°～37°,指向煤壁。

(3) 移架后顶梁所受顶板压力的合力作用点范围为柱窝后 79 mm 至柱窝后 169 mm。合力大小平均 2 975.2 kN,最大 4 309.6 kN。与竖直方向的夹角为 1°～19°，指向采空区。掩护梁所受外载合力作用点范围为距支架顶梁-掩护梁连接销 551～972 mm。合力大小平均 2 190.8 kN，最大 3 620.7 kN。与竖直方向的夹角为 11°～24°，指向煤壁。

由前面计算分析可以看到，支架移架支撑顶板后，顶梁与掩护梁外载合力值为一个逐步增大的过程，而且顶梁外载合力作用点由后向前移动，掩护梁外载合力作用点沿掩护梁由上向下移动。放煤后顶梁与掩护梁外载荷相对于放煤前均有所下降，而顶梁外载合力作用点前移的幅度加大，掩护梁合力作用点向下移动幅度加大。

上述实测结果表明，支架顶梁外载合力作用点的位置随放煤工艺的变化范围与支架的设计范围是基本适应的。

由于放煤造成的支架外载的变化，引起支架顶梁与掩护梁外载合力矩的相应变化。实测计算表明，放煤后顶梁与掩护梁外载合力矩使支架产生一个向后倾的趋势。这时如果在拉架过程中操作不当，则很容易造成支加底座的上翘和顶梁的"高射炮"状态。

5.6 支架位态观测结果分析

工作面两柱掩护式支架在放煤前、后的位态实测结果见表 5-14。从表中可以看出，与支架放煤前的位态相比，支架放煤后，顶板压力向前转移，支架高度增大，顶梁到控制阀距离增大，顶梁角度减小，立柱角度增大，上下平衡千斤顶角度变大，上下前连杆及后连杆角度均变大，上下立柱活柱行程也增大。

两柱式支架在使用中反映出的突出问题是支架顶梁"高射炮"现象，有时也会发生顶梁低头现象，但这种情况较少发生。支架处在"高射炮"位态时，支架立柱前倾角度同时变小，从而减小了工作阻力在水平方向的分量，不利于发挥水平工作阻力的控顶作用。

由统计结果可见，在集中进行两柱掩护式放顶液压支架位态测试的过程中，当放煤前，顶煤（板）比较破碎时，支架顶梁前端发生了幅度较小的片帮、冒顶。最大冒顶高度 450 mm，最小冒顶高度 100 mm，最大冒顶宽度 300 mm，最小冒顶宽度 100 mm，片帮深度最大 1 000 mm，最小 200 mm。由实测分析得出，在顶煤（板）较破碎，且工作面发生较小幅度片帮、冒顶后，两柱掩护式放顶煤液压支架会发生一定的抬头现象。实测结果为：放煤前支架顶梁仰角最大值为 11°，最小值为 -1°，平均为 5.8°；放煤后，支架顶梁俯角最大值为 11°，最小值为 4°，平均为 3.5°。在三天观测统计的 14 次结果中，统计得出放煤前支架顶梁仰角中大于等于 7°的有 6 次，约占 43%，放煤后，支架出现俯角的范围一般在 1°～5°。

表5-14　支架位态观测统计结果

班次	架号	移架前后	顶梁角度/(°)	掩护梁角度/(°)	立柱角度/(°)上	立柱角度/(°)下	千斤顶角度/(°)上	千斤顶角度/(°)下	前连杆角度/(°)上	前连杆角度/(°)下	后连杆角度/(°)	冒高/mm	冒宽/mm	第一接顶点位置/mm	梁端距/mm	片帮深度/mm	顶板破碎状态描述
4-6早	101	移架前	5	37	2	3	35	35	41	42	54					400	较完整
	95	移架前	7	27	3	0	26	26	34	24	38	450	150	350	300	500	较破碎
	94	移架前	-1	28	1	1	30	31	29	28	39					0	较完整
	92	移架前	7	38	1	1	36	37	38	38	52				400	800	破碎
	86	移架前	10	28	2	2	29	28	26	27	37	200	150	450	400	700	破碎
	82	移架前	6	23	4	5	23	23	22	23	35	400	100	600	500	800	较完整
	80	移架前	1	29	3	3	28	28	29	30	41	300	200	400			完整
	77	移架前	5	42	1	1	40	39	40	38	52	450	250	500	400	900	破碎
4-7早	110	移架后	2	35	5	6	35	36	37	37	51				1000	0	完整
	101	移架后	1	35	5	4	34	33	42	42	56				600	300	完整
	92	移架后	-1	43	0	0	41	41	42	42	56				300	0	完整
	85	移架后	4	33	1	2	33	32	32	32	42				500	200	完整
	82	移架后	-8	25	4	4	26	26	25	25	36	200	200	500	400	850	破碎
	75	移架后	-3	32	7	6	34	35	27	30	40				600	300	完整
	72	移架后	-2	36	8	8	32	34	27	26	38				500	0	完整
	60	移架后	4	44	10	2	30	29	31	33	40					200	完整

续表5-14

班次	架号	移架前后	移架前后顶梁角度/(°)	掩护梁角度/(°)	立柱角度/(°)		千斤顶角度/(°)		前连杆角度/(°)		后连杆角度/(°)	冒落成拱统计			梁端距/mm	片帮深度/mm	顶板破碎状态描述
					上	下	上	下	上	下		冒高/mm	冒宽/mm	第一接顶点位置/mm			
4-8早	110	移架后	2	30	6	7	32	33	33	33	41					200	较完整
	101	移架后	2	30	5	6	28	28	35	36	46					400	较完整
	95	移架后	-5	39	6	5	36	36	46	46	58					200	较完整
	82	移架前	6	30	2	2	29	29	30	29	40	100	250	400	600	1000	破碎
	82	移架后	5	3	3	2	31	32	28	29	37					400	较完整
	92	移架后	0	39	3	4	35	37	44	41	51					400	较完整
	76	移架前	3	37	3	2	35	35	32	33	43					500	较完整
	72	移架后	11	13	2	3	30	31	21	23	28	350	200	500	400	1000	破碎
	72	移架前	-11	24	4	4	29	28	31	28	32	450	150	550	600	1000	破碎
	60	移架前	7	41	2	11	25	24	25	26	29	300	250	600	500	900	破碎
	60	移架后	-5	36	7	2	23	22	24	23	26		300	500	600	850	破碎

观测统计的结果表明,放煤对支架位态变化影响不大,支架工作中的位态主要取决于移架升架时的位态。顶梁位态(仰俯角)及顶梁与掩护梁夹角在放煤前后变化不明显,支架总体位态良好。

5.7 移架性能检测

试验期间对移架速度进行了测试,结果如表 5-15 所示。

表 5-15 支架移架速度统计结果

	两柱掩护式支架 (ZFY6800/18.5/35)				四柱支掩式支架 (ZFS6200/18/35)				两柱掩护式比 四柱支掩式移架 时间缩短/%
	降	移	升	总计	降	移	升	总计	
平均时间/s	4.1	5.0	2.2	11.3	6.9	6.7	5.7	25.2	55.2
最快时间/s	3.1	4.2	1.8	9.1	4.4	7.1	4.1	15.6	41.7

由表 5-15 可知,单组运行移架时,两柱掩护式综采放顶煤液压支架移架时间平均 11.3 s,最快 9.1 s,四柱支撑掩护式综采放顶煤液压支架移架时间平均 25.2 s,最快 15.6 s。两柱掩护式支架移架时间比四柱支掩式支架分别缩短了 55.2% 和 41.7%。

采用电液程序自动顺序移架时,两柱掩护式综采放顶煤液压支架移架速度平均 11.1 s,最快 8.3 s。

6 两柱掩护式综放支架对端面顶煤的控制作用

两柱掩护式综放液压支架在现场的试验,表明了其在立柱和平衡千斤顶承载以及在放煤工序中对于支架外载荷的变化,有着良好的适应能力和顶板支撑能力,呈现了支架较高的支撑效能。从顶梁的位态看,基本都在合理的位态范围。说明支架有着良好的工作状况。两柱掩护式综放液压支架的适应性,在很大程度上取决于对端面顶煤的控制能力,即防止其冒顶的能力。因为端面冒顶将导致该架型位态的变化,会出现支架不良的工况,造成支架难以正产运行。本章采用数值模拟计算的方法,分析该架型立柱倾角、支护阻力以及煤层硬度等对端面稳定性的影响,并与四柱支掩式综放支架进行比较,为该架型的进一步完善和现场推广应用提供依据。

6.1 两柱掩护式综放支架对端面顶煤控制作用的数值模拟

数值模拟采用 UDEC4.0 计算软件,结合兴隆庄矿 4301 工作面的地质及生产技术条件,模拟四柱式和两柱式综放液压支架对端面顶煤的控制效果及顶煤的运移变化规律。

6.1.1 研究目的及内容

分析研究立柱前倾角度以及顶煤硬度不同,支架上方顶煤的运移规律及工作面端面顶煤的稳定性程度,并进行四柱式和两柱式不同架型液压支架的分析比较,得出两柱掩护式综放液压支架在端面顶煤控制方面的特点和优势。具体分析研究如下内容:

(1) 立柱前倾角度不同时,顶煤的运移及端面顶煤的稳定性变化;

(2) 顶煤硬度不同时,顶煤的运移及端面顶煤的稳定性变化。

6.1.2 数值模型的建立

(1) 数值计算模型

根据兖矿集团公司兴隆庄煤矿 4301 综放工作面生产地质条件和主要配套设备,建立如图 6-1 所示的数值计算模型。

模拟煤层厚度为 8.2 m,直接顶为 5.3 m 厚的粉砂岩和 4.6 m 厚的细砂岩,伪

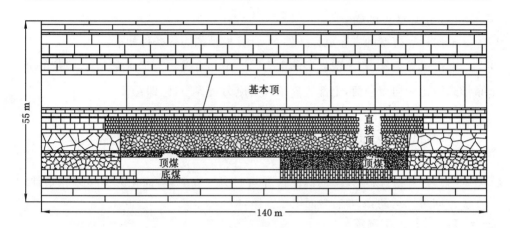

图 6-1　数值模拟模型

顶为 0.6 m 厚的泥岩,基本顶为 13.1 m 厚的中砂岩,直接底为 5.6 m 厚的粉砂岩,伪底为 0.8 m 厚的泥岩,老底为 10.4 m 厚的中砂岩,上覆岩层厚度为 15 m。模型长度 140 m,高度 55 m,模拟采深 300 m。在工作面控顶区范围内的顶煤和直接顶为研究的重点,单元格划分较细。工作面控顶距为 5.5 m,端面距确定为 1.0 m。

（2）模型的基本参数

模型中岩层假设为均匀弹性体,节理变形破坏模型为莫尔—库仑模型。数值模拟中各岩层、煤层的力学参数如表 6-1 和表 6-2 所示。

表 6-1　　　　　　　　　　　块体力学参数

岩层性质	密度/(g/cm³)	体积模量/GPa	剪切模量/GPa
中砂岩	2.60	15.4	16.8
细砂岩	2.65	13.2	13.4
粉砂岩	2.75	11.6	11
煤	1.4	9	3.8
泥岩	2.50	11.1	8.3

表 6-2　　　　　　　　　　　接触面力学参数

岩层性质	法向刚度/GPa	切向刚度/GPa	黏结力/MPa	摩擦角/(°)	抗拉强度/MPa
中砂岩	20	5	0	6	0
细砂岩	16	4	0	8	0
粉砂岩	14	3	0	10	0
煤	10	8	0	15	0
泥岩	12	6	0	12	0

（3）边界条件的确定

根据计算模型的实际赋存条件,本计算模型的边界条件如下:

上部边界条件:与上覆岩层的重力($\sum \gamma h$)有关。为了研究方便,载荷的分布形式简化为均布载荷,上部边界条件为应力边界条件,即:

$$q = \sum \gamma h = 7.5 \text{ MPa}$$

下部边界条件:本模型的下部边界为底板,简化为位移边界条件,在 x 方向可以运动,y 方向为固定铰支座,即:$v=0$。

两侧边界条件:本模型的两侧边界均为实体煤岩体,简化为位移边界条件,在 y 方向可以运动,x 方向为固定铰支座,即:$u=0$。

（4）计算方案确定

根据研究目的与研究内容,两柱支掩式与四柱支撑式液压支架顶梁载荷分布形式如图 6-2 所示,两种支架的额定工作阻力都设为 6 800 kN。

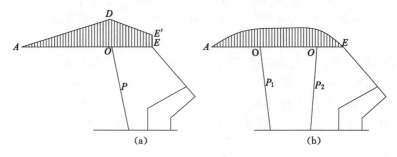

图 6-2　液压支架顶梁载荷分布形式

（a）两柱支掩式；（b）四柱支撑式

模拟计算方案为:

① 在工作面煤岩力学条件下,依据支架立柱在工作高度时的前倾角度 80°为基准,变化立柱前倾角度为:75°、70°、85°、90°。

② 以工作面顶煤的实际硬度 $f=2.3$ 为基准,变化顶煤硬度 f 值为:0.5、2.0、3.5。在各顶煤硬度条件下重复方案(1)中各种情况。

6.1.3　模拟结果分析

6.1.3.1　支架水平力对端面顶煤稳定性的影响

由模拟结果分析可知,随着液压支架立柱前倾角度的不同,支架所能提供的水平力也不相同。两柱式支架立柱工作阻力为 6 800 kN 时,当前倾角分别为 70°、75°、80°、85°、90°时,水平方向分力为:2 325.7 kN、1 760.0 kN、1 180.8 kN、

592.7 kN、0 kN；四柱式支架受其自身结构的限制，支架能提供的有效水平力很小，立柱支撑角度接近 90°，考虑到四柱式支架也可以提供一定的水平工作阻力，在模拟过程中取立柱倾角为 88°。

（1）顶煤硬度系数 $f=2.3$ 时，基本顶初次来压期间支架对端面顶煤的控制效果

由图 6-3 可知，四柱支撑掩护式支架与两柱掩护式支架立柱前倾角为 90°时，在两支架的端面顶煤均发生了严重的片帮和冒顶，冒顶量分别为 417 mm 和 513 mm。随着立柱前倾角度的变化，两柱式支架的控顶效果发生显著改变，如图 6-3(c)、(d)所示。立柱前倾角度为 70°时，工作面基本未发生片帮、冒顶，立柱前倾角度为 80°时，工作面发生了轻微的片帮、冒顶情况。

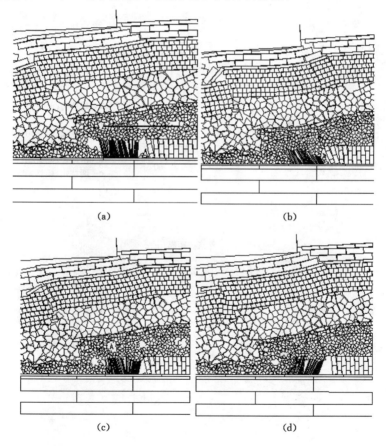

图 6-3 初次来压期间支架控顶效果

(a) 四柱式支架；(b) 两柱式支架（立柱前倾角 90°）；

(c) 两柱式支架（立柱前倾角 80°）；(d) 两柱式支架（立柱前倾角 70°）

图 6-4(a)为支架上方 0.5 m 测线上顶煤测点的水平位移变化曲线。在整个测线范围内,各测点的位移量随立柱前倾程度的增加而减小,四柱式与两柱式支架相比,两柱式支架控制顶煤(板)水平位移的效果优于四柱式。由此可见,由于两柱式支架可提供较高的水平工作阻力,提高了控顶范围内顶煤的稳定性,使得顶煤向采空区方向的水平位移随着水平力的增大而减小。

图 6-4(b)为支架上方 0.5 m 测线上顶煤测点的垂直位移变化曲线。四柱式与两柱式支架相比,顶煤垂直位移的变化量,在煤壁前方都很小,但在煤壁至煤壁后 1.39 m 范围的端面区,随着两柱式支架立柱前倾角的减小,顶煤的垂直位移量要明显小于四柱式支架。由此可见,两柱式支架立柱前倾角度的存在,所

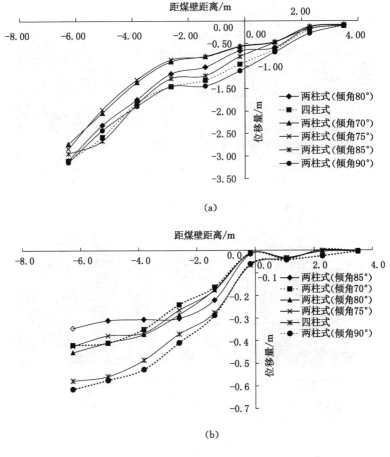

图 6-4　测点位移变化曲线

(a) 水平位移;(b) 垂直位移

提供的水平作用力,增加了端面区破碎顶煤的内聚力,提高了其稳定性,从而减小了其垂直下沉量。

图 6-5 为支架上方 0.5 m 顶煤测线上测点的应力变化曲线。在整个测线范围内,各测点无论是水平应力还是垂直应力值都随立柱前倾程度的增加而减小。两柱式与四柱式支架相比,当两柱式支架前倾角度为 90°时,对顶煤内水平应力和垂直应力的影响效果相差不大;随着两柱式支架前倾角度的减小,顶煤内水平应力和垂直应力增加明显。由此可见,提高水平工作阻力可以提高端面顶煤中的水平压应力和垂直应力,从而提高了破碎顶煤的内聚力和内摩擦角,提高了端面顶煤的结构稳定性。

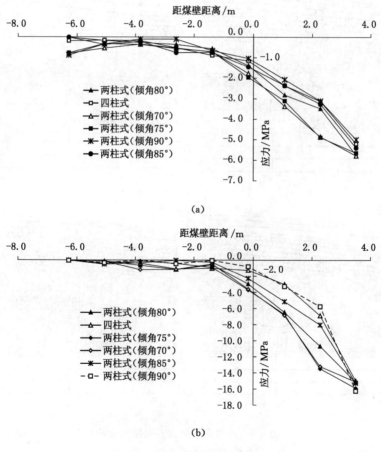

图 6-5 测点应力变化曲线

(a) 水平应力;(b) 垂直应力

（2）顶煤硬度系数 $f=2.3$ 时，基本顶周期来压时两种支架对端面顶煤的控制效果

由图 6-6 可知，基本顶周期来压时的矿压显现较之初次来压相对缓和。四柱支撑掩护式支架支护时，片帮与冒顶较为严重。两柱式支架随着立柱前倾角度的变化，其控顶效果也不相同。立柱前倾角度为 70°时，工作面基本未发生片帮、冒顶，立柱前倾角度为 80°时，工作面发生了轻微的冒顶，立柱前倾角度为 90°时，工作面片帮、冒顶情况十分严重。

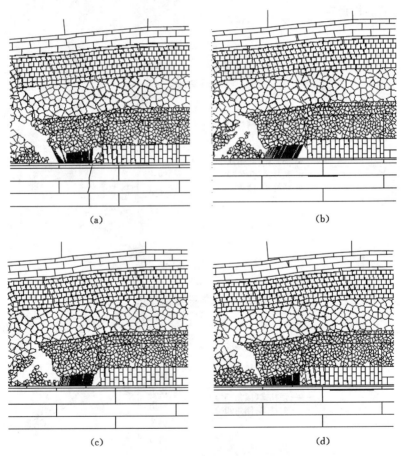

图 6-6　周期来压期间支架控顶效果

（a）四柱式支架；（b）两柱式支架（立柱前倾角 70°）；

（c）两柱式支架（立柱前倾角 80°）；（d）两柱式支架（立柱前倾角 90°）

6.1.3.2　顶煤硬度对端面顶煤稳定性的影响

　　图 6-7 和图 6-8 为来压期间不同煤层硬度时,四柱式支架及两柱式支架(立柱前倾 80°)的控顶效果。从控制端面顶煤的稳定性上来看,在顶煤硬度发生变化时,四柱式支架的适应性不如两柱式支架。

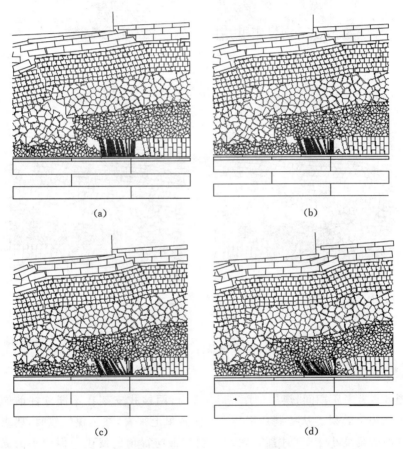

图 6-7　不同顶煤硬度条件下四柱式支架控顶效果

(a) $f=3.5$;(b) $f=2.3$;(c) $f=2$;(d) $f=0.5$

　　由图 6-7 可知,当顶煤坚硬时,四柱式支架工作面基本未发生片帮、冒顶,而顶煤较软时,工作面的片帮、冒顶情况十分严重。对于两柱式支架(见图 6-8),即使在顶煤较软的条件下,片帮、冒顶程度也比较轻微,这说明两柱掩护式综放支架在控制端面顶煤稳定性方面对顶煤硬度变化的适应性较好。

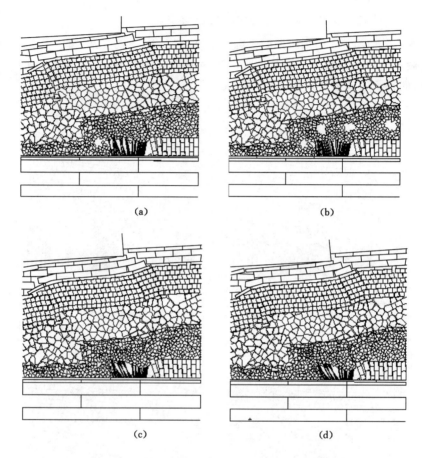

图 6-8　不同顶煤硬度条件下两柱式支架控顶效果
(a) $f=3.5$;(b) $f=2.3$;(c) $f=2$;(d) $f=0.5$

　　图 6-9 为来压期间,煤层硬度 $f=0.5$ 时,两柱式支架在不同立柱前倾角度条件下的控顶效果。从控制片帮与冒顶的效果上来看,在顶煤较软时,要求支架立柱的前倾角度小于 70°才能有效地控制片帮与冒顶的发生。但较小的立柱前倾角度会降低支架的支护强度,影响到支架对顶板的支撑控制效果。

　　从模拟结果看,软煤端面区顶煤与煤壁稳定性差,受力易发生塑性破坏,仅从支架立柱倾角的变化,增大支架水平支护阻力的角度,无法从根本上有效阻止端面无支护空间内煤体的塑性流变,也就不可能从根本上改善端面控顶效果。因此,在软煤层条件下,应该从完善支架的结构,如增加伸缩前梁及时封闭端面顶板,增加护板机构及其护帮力防止煤壁片帮等,来提高两柱掩护式支架的端面顶板控制效果。

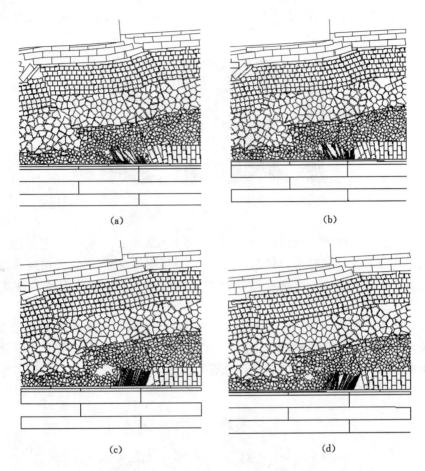

图 6-9 软煤条件下(f＝0.5)两柱式支架立柱不同倾角时的控顶效果
(a) α＝90°；(b) α＝85°(c) α＝75°；(d) α＝70°

6.2 两柱掩护式支架结构参数对端面顶煤稳定性的控制机理

6.2.1 数值模型的建立

依据东滩煤矿 1303 工作面煤层地质条件及生产技术条件,建立如图 6-10 所示的平面应变分析模型。模型长 30.0 m,高 9.0 m。控顶区长度 6.0 m,端面距 1.5 m。模拟机采高度 3.0 m,顶煤高度 6.0 m。设基本顶断裂线超前煤壁2.0 m。模拟支架结构依据 ZFY6800/18.5/35 型放顶煤液压支架进行设计。

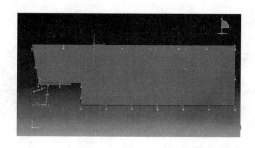

图 6-10 数值分析模型

顶煤选用实体单元,材料本构模型为 Mohr-Coulomb 模型。为方便建立接触关系及分析支架顶梁受力状态,支架顶梁采用实体单元,材料采用线弹性本构模型。支架掩护梁、底座及四连杆均采用梁单元,材料采用线弹性本构模型。

立柱和平衡千斤顶采用 AXIAL Connection(图 6-11)模型,可通过参数设置实现对立柱与平衡千斤顶实际工作特性的模拟,如可设置立柱和平衡千斤顶的工作特性曲线为恒阻式,并可根据研究需要设置其初撑力。

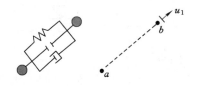

图 6-11 立柱与千斤顶力学模型

模型中,煤层下层面及支架底座采用固定边界条件,右侧采用固定水平位移的边界条件。在煤层上层面,基本顶断裂线前实体煤侧取以右侧端点为中心的给定变形边界条件,基本顶回转角 2°;基本顶断裂线采空区侧取以断裂线铰点为中心的给定变形边界条件,硬煤时设基本顶回转角为 6°,中硬煤时为 8°,软煤时为 10°。在顶梁与顶煤间设置接触面,模拟支架对顶板的支护作用。

研究内容:

(1) 顶煤硬度对两柱掩护式放顶煤支架载荷分布的影响;

(2) 支架主要结构参数变化对顶煤变形破坏、支架承载及端面区应力的影响;

（3）平衡千斤顶工作阻力对顶煤变形破坏发育、支架承载及端面区应力的影响；

（4）掩护梁背煤（矸）量对支架承载及端面区应力的影响。

模拟方案：

（1）模拟顶煤硬度系数 $f=1.0$、2.5、3.5 时支架顶梁载荷分布特征及顶煤应力场、破坏场（塑性区）的分布规律；

（2）以 ZFY6800/18.5/35 型支架结构参数为基础（立柱前倾 83°），改变立柱上铰点位置，分析顶梁前后比为 2.38、1.22 和 0.71 时支架顶梁载荷分布特征及顶煤应力场、破坏场（塑性区）的分布规律；

（3）掩护梁压力分别为 0.1 MPa、0.2 MPa、0.5 MPa 及 1.0 MPa 时，模拟支架顶梁载荷分布特征及顶煤应力场、破坏场（塑性区）的分布特点；

（4）以 ZFY6800/18.5/35 架型平衡千斤顶工作阻力为基础，改变平衡千斤顶工作阻力值为支架平衡千斤顶额定工作阻力的 0、2、4 倍，分析支架与围岩的变形特点、支架顶梁承载分布特征及顶煤应力场、破坏场（塑性区）的发育特点。

6.2.2 不同硬度顶煤对支架载荷的影响及端面区顶煤的变形破坏特征

端面顶煤的破坏失稳是控顶区顶煤活动的一部分，也是支架与围岩系统作用的结果。模拟未包括超前支承压力及支架的反复支撑过程，仅体现了基本顶回转中顶煤的破坏发育过程及支架与顶煤的变形作用过程。考虑到超前支承压力对顶煤强度的弱化作用，模拟顶煤强度为破坏前的 1/10，此时塑性区的发展可以理解为顶煤的破碎过程。

在基本顶回转过程中，顶煤发生两种类型的破坏：拉断破坏与压剪破坏。不同硬度的顶煤破坏的发育特征也不相同。由图 6-12(a)可知，硬煤破坏发展主要发生在煤壁前方，在煤体深部，特别是机采煤壁附近存在一定程度的剪切破坏。由煤壁到基本顶断裂线存在一拉断破坏区，此拉断区后的控顶区顶煤保持完整，在基本顶作用下呈整体回转状态。在中硬煤条件下，如图 6-12(b)所示，煤体破坏主要分为两个部位，一处是煤壁到基本顶断裂线的拉断破坏区，另一处是支架顶梁后上方的剪切破坏区。在软煤条件下，如图 6-12(c)所示，在控顶区及工作面前方约 10 m 的范围内出现了大范围的剪切破坏。

顶煤破坏发育是支架与顶板共同作用的结果。当支架支护强度小于煤体抗压强度（硬煤），支架在顶板压力作用下立柱下缩，而当支架支护强度大于煤体的抗压强度（软煤），顶煤将发生剪切破坏。在煤壁前上方，由煤壁到基本顶断裂线存在一条由基本顶回转形成的拉应力区，由于煤岩体抗拉强度远小于抗剪强度，

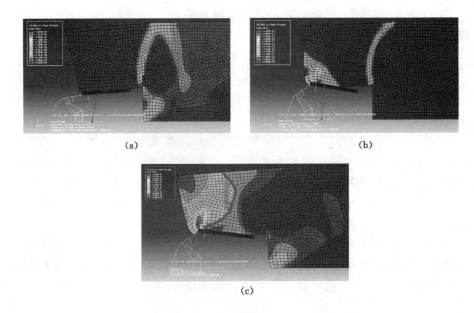

图 6-12　顶煤硬度对支架与围岩运动的影响
(a) 硬煤；(b) 中硬煤；(c) 软煤

使该区形成一拉断破坏带,即煤壁的支撑影响断裂线。对于软煤,基本顶初始回转时,首先在煤壁前上方发生拉断破坏(图 6-13),但随着塑性变形的发展,煤壁前方顶煤向采空区膨胀,拉断破坏带拉应力转变为压应力,拉伸破坏也转变为压剪破坏,并且控顶区上方煤体开始发生大范围的压剪塑性破坏。

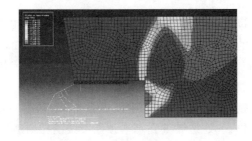

图 6-13　软煤的初始破坏发育

由图 6-12 可知,不同强度的顶煤,在综放开采条件下的破坏过程和破坏程度存在较大差异,影响了顶煤的冒放性,在两柱掩护式综放工作面,顶煤的这种差异也造成支架与围岩作用关系的变化,影响了支架顶梁的位态、载荷及其接顶状态。在硬煤条件下,支架随基本顶的回转而呈抬头状态,而在中硬煤及软煤条件下,支架则呈低头状态。究其原因,是由于控顶区顶煤的塑性破坏过程中,不同硬度顶煤造成支架顶梁承载分布形式不同,如图 6-14 所示。硬顶煤破坏程度低,顶梁压力与顶煤的变形量有关,受基本顶回转下沉影响,顶煤垂直变形量沿控顶区由前到后逐步增大,顶梁上顶板压力也呈同样的变化趋势,合力作用点位于立柱上铰点后 60.0 mm。中硬煤及软煤时,由于顶梁尾部顶煤破坏,顶板压力前移造成了顶梁呈低头位态,如中硬煤时合力作用点位于立柱上铰点前 55 mm,软煤时位于立柱上铰点前 280 mm。在中硬煤中,顶梁前端下沉后,顶梁前端接顶点后移,端面距增大。

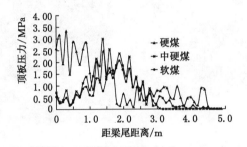

图 6-14　顶梁压力分布

　　从控制顶板破坏运动看,不同硬度的顶煤需要采取不同的支护对策。硬煤条件下顶梁上方顶煤稳定,但是顶煤若沿煤壁支撑影响线断裂,就会导致断裂面剪切破碎引发的端面冒顶,并且顶煤"四边形体"的回转运动影响直接顶与老顶的稳定性,此时支架既要通过有一定的让压变形,又要保证一定的支护强度以防止顶梁回转过大造成顶板失稳。在中硬煤时,支架呈低头状态,造成实际端面距增大至 3.2 m,端面顶煤下沉量约 152.0 mm。因此,需要提高梁端支撑力,保持端面顶煤的稳定。对于软煤,由于顶梁后上方顶煤破坏(冒空)造成了支架不稳定,支架呈低头位态,加之端面顶煤稳定差,端面顶煤下沉量达到 312.0 mm。因此,软煤工作面关键是保持支架良好的位态,并及时封闭端面顶板。

6.2.3　顶梁前后比对端面控顶的影响

　　与四柱支撑掩护式放顶煤支架相比,两柱掩护式放顶煤支架立柱上铰点位置选择较灵活,在保证支架前部工作空间的前提下,可根据控顶需要确定立柱上铰点位置,即改变顶梁的前后比值,从而提高梁端支撑力,以利于对端面冒顶的控制。在两柱掩护式放顶煤支架综放工作面,控顶区顶煤与支架的作用过程是影响端面冒顶的更重要的因素,因此研究顶梁前后比对端面顶煤的控制作用重点在于分析其对顶煤整体稳定性的影响。在此分析了软煤条件下,顶梁前后比的变化对顶煤稳定性、支架承载及端面受力的影响。

图 6-15 为不同顶梁前后比时顶梁的变形状态及顶煤的破坏特征。从图中可知,控顶区顶煤破坏可分为两种形式,一种是顶梁在顶板和支架的压缩下发生剪切破坏,即图 6-15 中所示的塑性变形区,另一种是端面无支护区附近的变形破坏,主要通过端面顶板的下沉量进行判断。

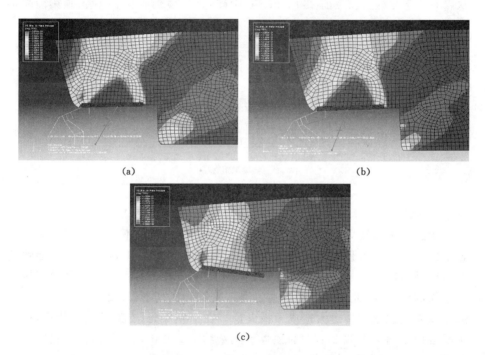

图 6-15　顶梁前后比对顶煤破坏的影响
(a) 顶梁前后比 0.71;(b) 顶梁前后比 1.22;(c) 顶梁前后比 2.38

顶梁前后比的不同,影响了支架顶梁的稳定性,造成其最终位态也不相同。当支架顶梁前后比小于 1.22 时,顶梁保持平稳下沉,未发生转动变形;顶梁前后比为 2.38 时,顶梁随立柱下缩的同时发生回转运动,最终回转角为 8°。顶梁稳定性的不同,顶煤破坏发育的形式也不相同。随着立柱上铰点前移,放煤区逐步向顶梁前部延伸,如顶梁前后比为 2.38、1.22 和 0.71 时,塑性应变为 0.1 的等值线最深处超前顶煤尾部距离分别为 3.01 m、4.32 m 和 5.86 m。而端面顶煤随着立柱上铰点前移稳定性逐步增强,顶梁前后比为 2.38、1.22 和 0.71 时,对应的端面顶板下沉量分别为 312 mm、62 mm 和 54 mm。

　　图 6-16 为不同顶梁前后比支架顶梁外载的变化特征。从图中可见,顶梁前后比的变化对顶梁承载的大小及分布有显著影响。顶梁前后比分别为 0.71、1.22 和 2.38 时,顶梁垂直工作阻力分别为 0.65 MPa、0.53 MPa、0.46 MPa,水平工作阻力分别为 0.13 MPa、0.11 MPa、0.09 MPa。顶梁前后比为 2.38 时,顶梁载荷在立柱后部呈梯形分布,前部载荷呈三前形分布,由于接顶点后移,压力"0"点位置距梁端点 0.84 m。顶梁前后比为 1.22 和 0.71 时,顶梁载荷在立柱后部呈三角形分布,前部呈梯形分布。由此可见,在软煤条件下,顶梁前后比减

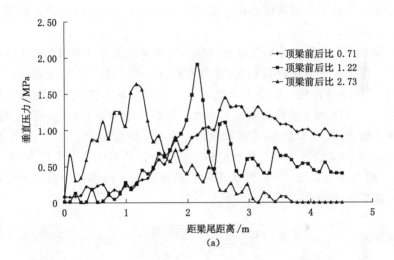

(a)

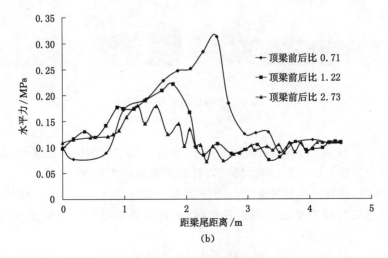

(b)

图 6-16　顶梁前后比对顶梁载荷的影响

(a) 垂直压力;(b) 水平力

小，即立柱上铰点位置靠前，既可以大幅提高支架的整体支撑能力，又可以提高其顶梁前端的支撑能力，是提高支架端面控顶能力的重要途径。

顶梁前后比为 2.38 时，合力作用点位于立柱前方 296 mm；顶梁前后比为 1.22 和 0.71 时，合力作用点位于立柱后方 56 mm 和 83 mm。顶梁垂直工作阻力合力作用点受平衡千斤顶的调节作用，可以在立柱上铰点前后移动，一般情况下由于平衡千斤顶阻力对立柱上铰点的力臂都较小，对顶梁合力作用点变化范围的调节能力也相应较小，当外载合力前移幅度过大时，平衡千斤顶一般不足以保证顶梁垂直压力合力作用点位于立柱工作区，解决问题的有效方法就是减小顶梁前后比值。

顶梁水平工作阻力分布主要受摩擦系数和顶板压力分布的影响。顶梁前后比对顶梁尾部水平载荷影响不大，载荷值相近。水平载荷由梁尾到立柱上铰点逐步增大，在立柱前约 1.0 m 的范围内水平载荷大幅下降，之后缓慢增加，且在梁端 1.5 m 范围内水平载荷值相差不大。通过缩小顶梁前后比，可以提高顶梁水平支撑能力，从分布上看，主要影响范围在立柱附近区。

图 6-17 为端面区应力矢量的分布，图 6-18 为端面区最大主应力（表现为拉应力）和剪应力的分布，图 6-19 为端面区距顶板 0.3 m 测线上拉应力与剪应力随顶梁前后比的变化。

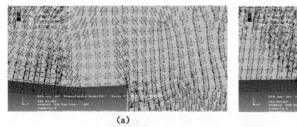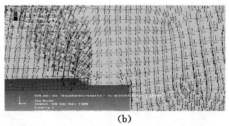

（a）　　　　　　　　　　　　（b）

图 6-17　端面区应力矢量分布

（a）顶梁前后比 2.38；（b）顶梁前后比 0.71

由图 6-17 可见，顶梁前后比的减小，提高了顶梁前端的支撑能力，顶梁上部顶煤内应力集中区向顶梁前端转移，且最大垂直应力增大，顶梁前后比为 2.38 和 0.71 时，顶梁上方梁端垂直应力分别为 0 MPa 和 0.91 MPa。可见，梁端力的变化过程有利于端面区顶煤冒落拱（或自稳隐形拱[111]）顶梁上方拱脚的稳定性。

由图 6-18 和图 6-19 可知，随顶梁前后比的减小，端面无支护区水平剪应力增大，拉应力减小，即梁端水平工作阻力通过顶煤内水平剪应力对端面无支护区产生水平作用力,减小了端面区顶煤拉应力值,顶梁前后比为 2.38 和 0.71 时,端面区拉应力最大值分别为 1.94 MPa 和 1.11 MPa,相比减小了 32.5%,平均拉应力分别为 0.91 MPa 和 0.55 MPa,相比减小了 39.6%。因此,减小顶梁前后比有利于控制端面区顶煤因拉断破坏而引发的端面冒顶。

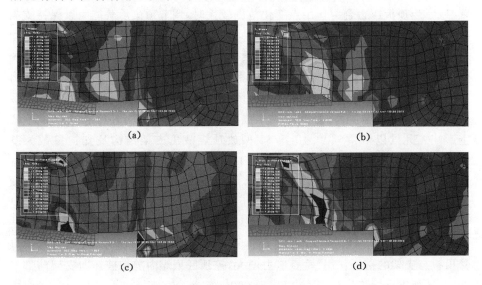

(a)　(b)

(c)　(d)

图 6-18　端面区应力分布

(a) 剪应力(顶梁前后比 2.38);(b) 剪应力(顶梁前后比 0.71);
(c) 最大主应力(顶梁前后比 2.38);(d) 最大主应力(顶梁前后比 0.71)

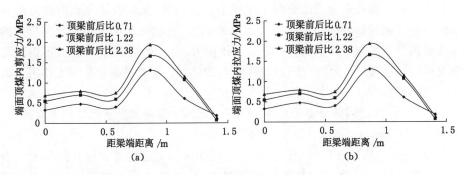

(a)　(b)

图 6-19　端面应力随顶梁前后比的变化

(a) 剪应力;(b) 拉应力

6.2.4 平衡千斤顶对端面顶煤的控制作用

平衡千斤顶是两柱掩护式放顶煤支架的关键部件,在支架与围岩相互作用过程中,平衡千斤顶的作用是通过前后腔压力的作用,调节顶梁合力作用点的位置,或者当顶板压力合力作用点变化范围较大时,调节顶梁承载能力以保持支架顶梁的稳定性。

在软煤条件下,一般放煤引起顶梁外载合力作用点前移幅度较大,支架的变形主要是顶梁低头回转运动,此时,平衡千斤顶的对外作用表现为后腔压力大于前腔压力而对支架产生推力。平衡千斤顶推力的大小决定了其对顶梁载荷前移幅度的调节能力,影响了支架位态的稳定性,从而对端面顶板稳定性产生影响。此处以 ZFY6800/18.5/35 型放顶煤液压支架结构及支护参数为基础,通过改变平衡千斤顶推力(后腔工作阻力减前腔工作阻力差值)为 0、1 000 kN、2 000 kN 和 4 000 kN,分析了平衡千斤顶对支架围岩系统及端面顶煤稳定性的影响。

图 6-20 为不同平衡千斤顶阻力时,支架与围岩变形状态及顶煤破坏发育特征。由图中可知,随平衡千斤顶推力的增大,顶梁回转角度变小,顶梁前端顶煤受顶板与支架的挤压作用,垂直应力增大,控顶区顶煤内剪切破坏向支架前部发展,如平衡千斤顶工作推力为 0 kN、1 000 kN、2 000 kN 和 4 000 kN 时,顶煤内塑性应变 0.1 的等值线最前部超前顶梁尾部分别为 2.2 m、3.6 m、4.9 m 和 5.1 m。虽然平衡千斤顶工作推力的增大,会带来顶煤破坏的加剧,但通过对顶梁位态的控制,提高了端面顶煤的稳定性。当千斤顶顶前后腔工作推力为 0 kN [图 6-20(a)],顶梁合力只能稳定于立柱上铰点位置,顶煤破坏导致的合力前移造成顶梁大幅回转,接顶点后移,增大了端面距,在软煤工作面必然引发较大的端面冒顶。当平衡千斤顶具有一定的抗压能力,即可对顶梁施加推力,可以阻止顶梁回转运动,改善顶梁的接顶状态[图 6-20(b)]。随着平衡千斤顶工作阻力的增大,顶梁稳定性增强,如平衡千斤顶工作推力为 0 kN、1 000 kN、2 000 kN 和 4 000 kN 时,顶梁回转角度分别为 13°、6°、3°和 2°,端面顶板下沉量则相应减小,分别为 444 mm、312 mm、126 mm 和 112 mm。

事实上,平衡千斤顶对端面顶板的控制作用需要通过与立柱共同作用于顶梁来实现。图 6-21 为不同平衡千斤顶阻力时,支架顶梁上载荷的分布变化情况。由图中可知:

(1)提高平衡千斤顶的工作阻力可以提高顶梁的承载力。当平衡千斤顶推力为 0 kN 时,作用于顶梁上的顶板水平力和垂直压力分别为 0.37 MPa 和 0.18 MPa,平衡千斤顶推力为 1 000 kN 时,顶梁上的水平力和垂直压力分别为

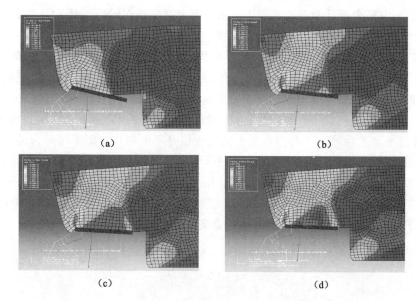

图 6-20　平衡千斤顶阻力对支架与围岩作用关系的影响

(a) 千斤顶推力为 0 kN；(b) 千斤顶推力为 1 000 kN；

(c) 千斤顶推力为 2 000 kN；(d) 千斤顶推力为 4 000 kN

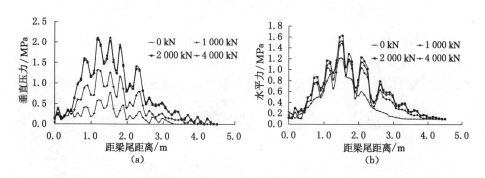

图 6-21　不同平衡千斤顶阻力时顶梁载荷变化

(a) 垂直压力；(b) 水平力

0.52 MPa 和 0.42 MPa，分别提高了 40.2% 和 126.9%。

（2）当平衡千斤顶推力继续增大，如由 1 000 kN 增加至 2 000 kN 和 4 000 kN 时，顶梁上的水平力变化较小，分别为 0.52 MPa 和 0.53 MPa，基本保持不变，从其分布曲线看，三种条件下顶梁上的水平力分布曲线基本重合，如图 6-21(b) 所示。

（3）当平衡千斤顶推力由 1 000 kN 增大至 2 000 kN 时，垂直压力增大到 0.71 MPa，提高了 78.1%。此后顶梁垂直压力不再随平衡千斤顶推力增大而增大，且分布曲线也基本重合。从合力作用点的位置来看，平衡千斤顶推力为 0 kN、1 000 kN、2 000 kN 和 4 000 kN 时，合力作用点均位于立柱上铰点前端，距上铰点距离分别为 0 mm、20 mm、40 mm 和 40 mm。

上述分析表明，平衡千斤顶推力的增加，可以提高顶梁前端或后端的承载能力，并且平衡千斤顶调节合力作用点的过程也是不断提高支架工作阻力的过程。根据图 6-21(a)，可把顶梁垂直压力随平衡千斤顶阻力增大的变化过程简化成如图 6-22 所示，其中 L_{01} 与 $L_{01'}$ 近似平行，L_{02} 与 $L_{02'}$ 近似平行，可见，当提高平衡千斤顶工作阻力时，顶梁上垂直压力分布区将由 A_0 扩展为 $A_0 + A_1 + A_2$，由于 A_2 区大于 A_1 区，从而引起顶梁合力作用点向立柱上铰点前部转移。

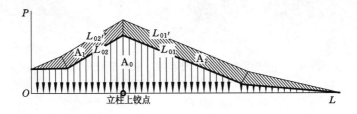

图 6-22　支架顶梁垂直压力随平衡千斤顶推力的变化

当顶板压力合力作用点变化较大时，合力作用点将转移到立柱工作区前缘（见图 6-23 中 B 点），如果合力作用点继续前移至平衡千斤顶压力工作区，并且顶板压力较小，则顶梁继续保持稳定，而一般情况下顶板压力要大于该区内顶梁

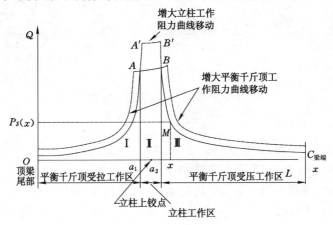

图 6-23　两柱掩护式支架承载特性

的承载能力,顶梁将回转让压,使合力作用点维持在立柱工作区内,从而使顶梁形成低头位态,如图 6-20(b)所示。提高平衡千斤顶工作阻力,会扩大立柱工作区的范围(见图 6-23),如果立柱设计工作阻力足够高,则在合力作用点前移过程中,支架所承受顶煤的压力也不断增加,即顶煤内应力不断增大,促使顶煤发生剪切破坏,当破坏发展到一定范围后,基本顶的回转变形将全部由顶煤塑性变形所"吸收",顶煤对顶梁的压力不再变化,若平衡千斤顶推力继续提高,顶梁压力不再变化。因此,在图 6-21 中,平衡千斤顶推力由 2 000 kN 增加至 4 000 kN,而支架顶梁载荷的分布曲线基本重合。

图 6-24 为端面区应力矢量随平衡千斤顶推力的变化。由图可知,平衡千斤顶通过控制顶梁的回转运动,改善了顶梁的接顶效果[图 6-24(a)至图 6-24(b)],推动顶梁上部顶煤内应力集中区沿顶梁向前转移[图 6-24(b)至图 6-24(c)],即提高了梁端力,有利于阻止端面顶煤的冒落或冒落拱的扩展。

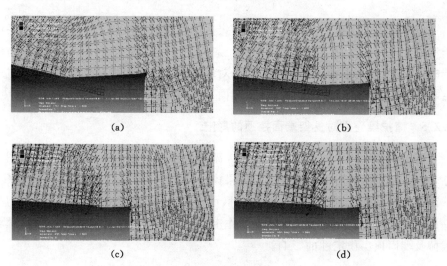

(a) (b)

(c) (d)

图 6-24 不同平衡千斤顶阻力时端面区应力矢量分布
(a) 平衡千斤顶推力为 0 kN;(b) 平衡千斤顶推力为 1 000 kN;
(c) 平衡千斤顶推力为 2 000 kN;(d) 平衡千斤顶推力为 4 000 kN

图 6-25 为端面区距顶板 0.3 m 处测线上应力随平衡千斤顶推力的变化。从剪应力与拉应力的分布状态可知,在支架梁端到煤壁中部抗剪能力最小,且易于发生拉断破坏。平衡千斤顶工作推力分别为 0 kN、1 000 kN、2 000 kN 和 4 000 kN 时,端面区平均剪应力分别为 0.74 MPa、0.78 MPa、0.84 MPa 和 0.84 MPa,拉应力分别为 1.31 MPa、0.91 MPa、0.74 MPa 和 0.74 MPa,即随平

衡千斤顶推力的增大端面区内剪应力呈增大趋势,而拉应力呈减小趋势。因此,增大平衡千斤顶推力可减轻端面区顶煤的拉断破坏。

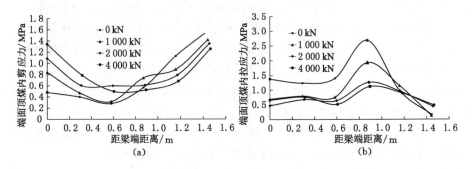

图 6-25　端面区应力随平衡千斤顶推力的变化

(a) 剪应力;(b) 拉应力

随平衡千斤顶推力的增大,端面顶煤内的拉应力逐步趋于一稳定值,如平衡千斤顶推力大于 2 000 kN 后,端面区拉应力不再发生改变,因此,只有在推力偏低的情况下,提高平衡千斤顶推力才能对端面顶煤的稳定性有显著影响,超过一定限度,继续提高平衡千斤顶推力对端面顶煤的稳定性改善较小。

6.2.5　掩护梁受力对支架端面控顶的影响

掩护梁背矸时两柱掩护式放顶煤支架顶梁受力可近似为图 6-26 所示,图中 Q_1 和 Q_2 为立柱前后部载荷合力。如果掩护梁空载,则 $M_0=0$,即 $Q_1C_1=Q_2C_2$。从顶梁力学平衡上讲,当掩护梁受载时,由于 W_y 的存在,将导致顶梁前端力矩 Q_1C_1 增大,有利于对端面顶板的控制作用。在此模拟分析了掩护梁受力对顶梁载荷及端面顶煤稳定性的影响。

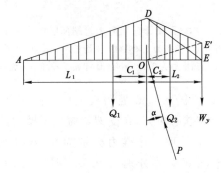

图 6-26　掩护梁背矸时两柱掩护式放顶煤支架顶梁受力

　　掩护梁载荷主要来自垮落带岩层的重力,如果不考虑基本顶的滑落失稳,掩护梁将不承受来自基本顶及上覆岩层的载荷,且所受压力为采空区煤矸重力沿掩护梁面的垂直分量,因而,掩护梁上压力要小于顶梁压力。而且受采空区煤矸堆积高度及放煤工序的影响,掩护梁上载荷呈动态变化。为便于分析,此处把掩护梁受力简化为一均布载荷。支架支护强度一般不大于 1.0 MPa,此处模拟掩护梁载荷分别为 0.1 MPa、0.2 MPa、0.5 MPa 和 1.0 MPa。

　　图 6-27 和图 6-28 为掩护梁载荷对支架与围岩作用关系的影响。由图中可见:

　　(1) 掩护梁载荷的增加,造成控顶区顶煤破坏向支架顶梁前方发展,如掩护梁压力为 0 MPa 和 1.0 MPa 时,塑性应变为 0.1 的等值线前端超前顶梁尾部距离分别为 3.72 m 和 4.03 m。

　　(2) 随掩护梁载荷的增加,支架支护强度逐步增大。与平衡千斤顶推力的影响相似,掩护梁载荷的增大主要引起支架垂直工作阻力的增大,而对水平工作阻力影响相对较小,掩护梁压力由 0 MPa 增加至 1.0 MPa,支架垂直工作阻力增加了 12.6%,而水平工作阻力增加 5.9%。

　　(3) 随掩护梁载荷的增加,顶梁外载合力作用点前移,顶梁回转角和端面顶板下沉量则逐步减小,即增大掩护梁压力(背矸与顶煤)有利于支架保持稳定和对端面顶板的控制。

　　由以上分析可知,掩护梁压力增大有利于保持两柱掩护式放顶煤支架良好的位态和端面顶煤的稳定性。因此,当顶煤软弱破碎时,可通过控制放煤量,保持掩护梁较多的背矸(煤)量,来控制顶梁因载荷前移而形成低头位态。

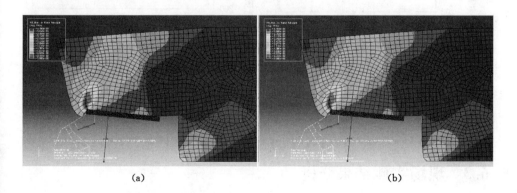

(a)　　　　　　　　　　　　　　　　　(b)

图 6-27　掩护梁承载对支架与围岩作用关系的影响

(a) 掩护梁压力为 0 MPa;(b) 掩护梁压力为 1.0 MPa

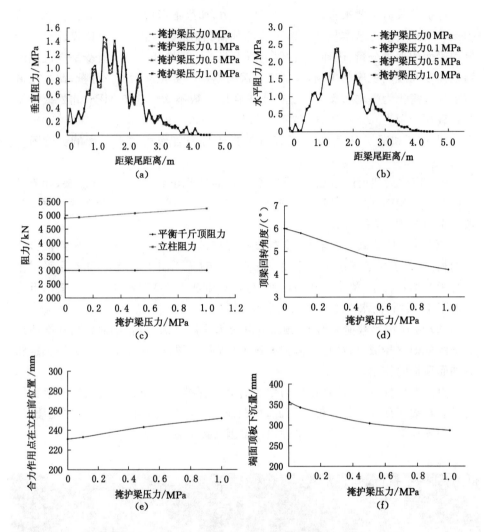

图 6-28　支架与围岩状态参数随掩护梁压力的变化

（a）顶梁垂直阻力；（b）顶梁水平阻力；（c）立柱与平衡千斤顶阻力；

（d）顶梁回转角度；（e）顶梁合力作用点；（f）端面顶板下沉量

6.3　现场实测结果分析

兴隆庄煤矿 4301 工作面工业性试验初期，由于对支架的操作不熟练，操作不当时造成了支架出现顶梁抬头现象，曾发生了最大片帮深度 1 200 mm、最大冒顶高度 800 mm、顶板破碎度 14.2%的情况。随着对该架型的熟练操作的规范化,支架的支护质量提高,从而改善了端面顶煤的稳定性控制效果,片帮、冒顶得到很大改善。表 6-3 为实测统计工作面的片帮、冒顶结果。

表 6-3 工作面片帮、冒顶统计结果

片帮深度/mm		冒顶高度/mm		顶板破碎度/%
平均值	最大值	平均值	最大值	
396	1 000	318	450	7.5

表 6-3 的统计结果表明,两柱掩护式放顶煤液压支架在试验期间,有效地控制了工作面端面的稳定性,说明该支架具有良好的适应性。

7 两柱掩护式综放支架现场应用实践及其适应性

两柱掩护式综放液压支架在兴隆庄矿4301工作面的工业性试验表明,两柱掩护式放顶煤支架的使用,可极大地减少支架与围岩事故率,大大加快了支架的移架速度,提高了控顶能力,加快了采煤作业循环,为进一步提高工作面的单产和效益创造条件。但该架型对地质条件变化的适应性以及与生产工艺的协调性等,还需要进行深入的研究。为此,针对东滩煤矿1303工作面煤层赋存条件复杂,煤层倾角、煤层结构、厚度和硬度以及断层等地质构造变化较大等条件,进行了现代化信息化两柱掩护式综放支架工作面试验,以进一步分析研究该架型与地质条件、生产工艺以及顶板活动与矿山压力的适应性。井下工业性试验在东滩煤矿1303工作面,从2007年3月8日工作面开始生产,到2008年1月份工作面结束,累计推进约2 000 m。

7.1 工作面煤层赋存条件

7.1.1 工作面位置

1303综放工作面位于一采区下部,−660水平,地面标高+47.30 m,井下标高−554.75 m,东起开切眼(大中疃村保护煤柱),西至设计停采线(津浦铁路保护煤柱),北邻1304综放工作面(未开采),南邻1302综放工作面采空区。

工作面走向长2 000.6 m,倾斜长239.5 m,开采面积479 143.7 m²,自东向西推进。

7.1.2 煤层顶底板条件

工作面回采3(3上、3下)煤层,煤层地质情况如表7-1所示。

煤层顶底板情况如表7-2所示。

根据1303工作面内东64钻孔和216号钻孔以及区段外邻近钻孔J3-10、东67和P1-3钻孔揭露的岩性柱状如图7-1所示。

表 7-1 煤层情况表

煤层厚度/m	$\dfrac{7.79\sim9.89}{9.07}$	煤层结构	复杂	煤层倾角/(°)	$\dfrac{0\sim11}{5.5}$
开采煤层	3(3上、3下)煤	煤种	气煤	稳定程度	稳定
煤层情况描述		工作面回采3(3上、3下)煤层,黑色,油脂光泽,内生裂隙发育,参差状断口,条带状结构,以暗煤为主,夹镜煤薄层,丝炭含量较高,易自然发火。3煤分叉合并,结构复杂,距3上煤层底板之上2.0~2.5 m有一层厚0.02~0.03 m的粉砂岩夹矸,为回采标志层;3上与3下煤夹矸厚0.4~0.7 m,岩性为粉砂岩。3下煤层局部又分3下1、3下2煤,3下1与3下2煤夹矸厚0.7~5.2 m,3下1煤层较稳定,厚1.50~2.50 m,平均2.0 m,3下2煤层不稳定,厚度变化大,局部沉缺,厚0.35~2.00 m;3下煤分叉范围较小,在工作面中东部轨道巷一侧,C8向斜轴附近,受构造影响,夹矸异常增厚,对工作面回采有一定影响		

表 7-2 煤层顶底板情况表

顶、底板名称	岩石名称	厚度/m	特 征
基本顶	中细砂岩	$\dfrac{23.00\sim16.30}{19.65}$	浅灰至灰白色,硅质胶结为主,致密、坚硬,局部泥质胶结
直接顶	粉砂岩	$\dfrac{5.15\sim1.25}{3.20}$	灰色,性脆,局部相变为泥岩
直接底	细砂岩	$\dfrac{3.62\sim4.46}{4.04}$	浅灰色,夹粉砂岩条带,硅质胶结,层理发育,富含植物化石碎片

7.1.3 工作面地质构造

本工作面地质构造东部以 C8 向斜为主,西部以 C7 背斜为主,受其影响,煤层波状起伏,产状变化快,裂隙及断裂发育,伴生断层 22 条,除 F_1 为逆断层外,其余均为正断层;煤层走向 N10°~70°E 或 N10°~30°W,倾向 NE,煤层倾角 0°~11°,平均 5°~6°,C7 背斜轴及 C8 向斜轴附近煤层倾角受构造影响,变化较大,对工作面的回采有一定影响。

(1)断层情况以及对回采的影响

工作面共伴生断层 22 条,其中 EF_{26}、EF_{18}、EF_{31}、EF_{32}、EF_{59}、一号井东、DF_{12} 断层落差较大,在工作面内延伸距离长或贯穿工作面,且断层面不规则,局部形成无煤带,对回采有很大影响,断层的具体情况见表 7-3。

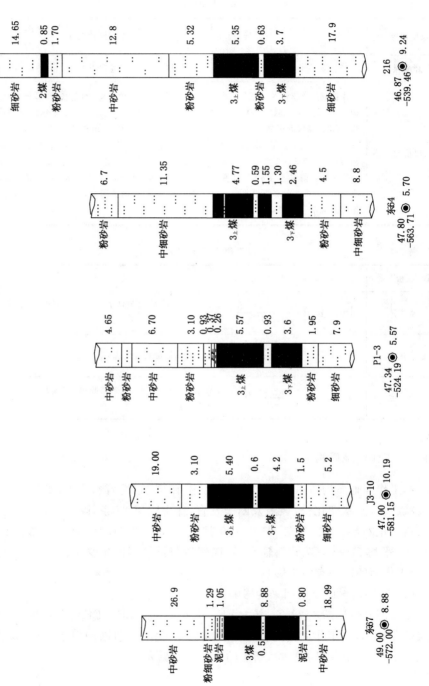

图 7-1 钻孔岩性柱状图（单位：m）

表 7-3　　　　　　　　　　　　　断层情况表

断层名称	走向/(°)	倾向/(°)	倾角/(°)	断层性质	断层落差/m	预计延展长度/m	对回采的影响
F_1	50	140	27	逆断层	6.4	设计停采线以外	
EF_{26}	90	0	60	正断层	3.2	贯穿整个工作面	较大
EF_{27}	100	190	40	正断层	1.0	55.0	一般
EF_{28}	90	0	60	正断层	1.9	120.0	一般
EF_{18}	155	245	60	正断层	6.7	贯穿整个工作面	较大
EF_{31}	100	190	75	正断层	2.5	贯穿整个工作面	一般
EF_{32}	150	240	50	正断层	8.0	贯穿整个工作面	很大
EF_{33}	100	190	50	正断层	2.0	54.0	一般
EF_{38}	145	55	60	正断层	1.2	45.0	一般
EF_{59}	130	40	70	正断层	5.4	150.0	较大
EF_{35}	155	65	80	正断层	1.6	66.3	一般
EF_{18-1}	180	270	50	正断层	1.2	36.0	一般
EF_{30}	95	5	55	正断层	1.7	113.5	一般
EF_{55}	155	65	80	正断层	1.7	37.2	一般
EF_{56}	150	240	40	正断层	1.6	9.5	一般
EF_{36}	123	33	85	正断层	1.3	25.8	一般
EF_{58}	130	40	40	正断层	1.8	74.5	一般
一号井东	160～150	70～60	70～75	正断层	9.0～12.1	贯穿工作面切眼至轨道巷	很大
DF_{12}	NE	NW	70	正断层	0～8	197.0	很大
EF_{57}	155	245	50	正断层	1.4	58.0	一般
EF_{38}	130	40	40	正断层	1.8	74.5	一般
EF_{71}	140	60	50	正断层	1.3	45.3	一般

（2）褶曲情况以及对回采的影响

C8 向斜:轴向 N60°～80°W,波幅 50～80 m,为一宽缓的褶曲构造,工作面东部及切眼位于轴部附近,对工作面回采有影响。

C7 背斜：轴向 N50°~80°E，波幅 30~50 m，北翼煤层倾角较缓，对工作面回采影响较小。

7.1.4 工作面水文地质条件

（1）涌水量

正常涌水量：6.0 m³/h，最大涌水量：50.0 m³/h。

（2）含水层（顶部和底部）分析

1303 综放工作面回采过程中的直接充水水源为 3 煤顶板砂岩水、J_3"红层"水和 1302 工作面采空区少量老空水。3 煤顶板砂岩为裂隙承压含水层，赋水性主要受构造和岩性等因素控制，赋水性不均一，以静储量为主，易于疏干。J_3"红层"为孔隙裂隙承压含水层，赋水主要受构造和岩性等因素控制，赋水性极不均一，以静储量为主，可以疏干。3 煤顶板与 J_3"红层"底界间距为 60~90 m，工作面采后裂缝带高度进入 J_3"红层"。1302 工作面老空水在 1303 工作面巷道掘进期间就已解除，剩余的少部分水量不会影响 1303 工作面的正常生产。

据 P1-5 孔抽水试验资料，J_3"红层"$q=0.008\ 8\sim0.013\ 9$ L/(s·m)，工作面内断层皆不赋水，亦不导水，邻近的 1302 综放工作面在掘进及回采过程中没有出现明显涌水现象；经物探和钻探等探放水工作证明，工作面裂缝带高度范围内的含水层段赋水性较差。综合以上分析，本工作面回采过程中受水患威胁的程度较小。

7.2 工作面生产技术条件

7.2.1 工作面的主要配套设备

1303 工作面设备总体配套如下：

（1）液压支架

① 中部支架

型号：ZF8500/21/40YD

支撑高度：2 100~4 000 mm

中心距：1 750 mm

宽度：1 620~1 850 mm

初撑力：6 410 kN

工作阻力：8 500 kN

支护强度:0.95 MPa

底板比压:2.78 MPa

适应煤层倾角:≤15°

操作方式:电液控制

数量:133 组

② 排头支架

型号:ZFG10800/22/38D

支撑高度:2 200~3 800 mm

中心距:1 800 mm

宽度:1 700~1 930 mm

初撑力:10 128 kN

工作阻力:10 800 kN

支护强度:0.98 MPa

底板比压:2.46 MPa(平均)

适应煤层倾角:≤20°

数量:7 组

(2) 采煤机

型号:SL750 电牵引采煤机

最大采高:3.94 m

截深:800 mm

装机总功率:1 474 kW

供电电源电压:3 300 V

牵引速度:0~45 m/min

卧底量:280 mm

滚筒直径:2 200 mm

适应煤层硬度:$f \leqslant 4$

适应煤层倾角:0°~25°

(3) 刮板输送机

① 前部刮板输送机

型号:SGZ-1000/1400

输送量:2 000 t/h

刮板链速度:1.33 m/s

电机功率:2×700 kW

中部槽规格:1 750 mm×1 000 mm×362 mm(长×内宽×高)

电压等级:3 300 V

② 后部刮板输送机

型号:SGZ-1000/1400

输送量:2 000 t/h

刮板链速度:1.3 m/s

电机功率:2×700 kW

中部槽规格:1 750 mm×1 000 mm×350 mm(长×内宽×高)

电压等级:3 300 V

(4) 转载机

型号:SZZ-1200/700

输送量:2 600 t/h

刮板链速度:1.86 m/s

电机功率:700 kW

电压等级:3 300 V

中部槽规格:1 500 mm×1 200 mm×377 mm(长×内宽×高)

与胶带输送机有效搭接长度:≥13 m

(5) 破碎机

型号:PCM-250

破碎能力:4 000 t/h

最大输入块度:长度不限×1 200 mm×875 mm

出口粒度:<300 mm

破碎轴转速:370 r/min

电机功率:250 kW

电压等级:3 300 V

(6) 可伸缩胶带输送机

型号:DSJ140/260/6×400S

安装数量:1 部

输送能力:2 000 t/h

带速:4 m/s

带宽:1 400 mm

电机功率:6×400 kW

电压等级:1 140 V

(7) 乳化液泵

型号:BRW400/31.5　BRW80/35

公称压力:31.5 MPa　35 MPa

公称流量:400 L/min　80 L/min

电机功率:250 kW　55 kW

电压等级:1 140 V　1 140 V

工作液:2%～2.8%乳化液　2%～2.8%乳化液

配套液箱:RX400/25L　XRXTA

安装台数:3泵2箱　1泵1箱

(8) 高压过滤站

型号:TMGLZ1000/31.5

公称压力:31.5 MPa

公称流量:1 000 L/min

过滤精度:400 μm

设备尺寸:1 577 mm×900 mm×850 mm

工作液:2%～2.8%乳化液

工作温度:10～50 ℃

供液方式:单路进液,单路回液

(9) 喷雾泵

型号:BPW315/16

公称压力:16 MPa

公称流量:31.5 L/min

电机功率:110 kW

电压等级:1 140 V

工作液:清水

配套液箱:QX400/30GZ

安装台数:3泵2箱

7.2.2　工作面生产工艺

(1) 采煤方法

该工作面采用单一走向长壁综采放顶煤一次采全高全部垮落采煤法。

割煤方式为双向割煤,往返一次割两刀,端头自开缺口斜切进刀,螺旋滚筒自动装煤,斜切进刀长度不小于30 m,进刀深度0.8 m。具体操作如下:

① 采煤机向上(下)割透端头煤壁,同时自下(上)向上(下)推移刮板输送机,并在煤机后将刮板输送机推出约25 m的弯曲段,将煤机两个滚筒上下调换位置,向下(上)进刀,通过弯曲段使得煤机达到正常截割深度(即0.8 m)后,按

要求推移运输机至平直状态。

②将煤机两个滚筒上下调换位置,再次向上(下)割三角煤至割透端头煤壁。

③割完三角煤后,再次将煤机两个滚筒调换上下位置,采煤机向下(上)返回,进入正常割煤状态。

④采煤机正常割煤时,采用煤机前滚筒截割工作面煤层上部,后滚筒截割工作面煤层下部的割煤方式。

(2)工艺过程

工作面生产工艺过程为:

双滚筒采煤机割煤,正常割煤高度为 3.0±0.1 m,根据工作面煤层变化情况可适当调整采高。

通过液压支架尾梁插板的伸缩、摆动放出顶煤,放煤高度 6.07 m,采放比为1:2.023。放煤采用分段多轮顺序放煤,一刀一放,放煤步距 0.8 m。初次放煤在支架推切眼后顶煤自然垮落时进行,两端头使用剪网插板将端头支架上铺连的金属网剪开将顶煤放出。

7.3 两柱掩护式综放工作面矿压显现规律

7.3.1 测线布置与观测方法

为了分析沿工作面面长方向不同部位顶板的来压规律、显现程度、支护的支护质量以及开采边界条件的影响,进而掌握整个工作面的压力分布情况以采取针对性的有效控制措施,沿工作面倾斜方向在上、中、下三个部位布置测区。每个支架安设一台电脑圆图,用以连续采集记录支架两立柱循环阻力变化,另安设一台电脑圆图,用以连续采集记录支架平衡千斤顶前后腔循环阻力变化。上、下两测区布置相邻的两架支架,分别设在 10#、11# 和 127#、128# 支架上;中部测区布置相邻的三架支架(68#、69#、70#),测线的布置方式如图 7-2 所示。

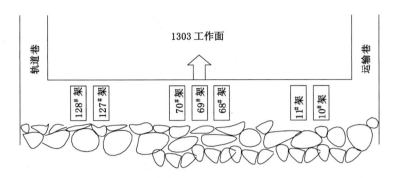

图 7-2　工作面测点布置示意图

7.3.2　工作面初次来压规律

（1）工作面初次来压范围

下部（轨道巷侧）初次来压距切眼约 48 m,影响范围距切眼 48～56 m;中部初次来压距切眼约 33.75 m,影响范围距切眼 33.75～42.75 m;上部（运输巷侧）初次来压距切眼 30.4 m,影响范围距切眼 30.4～40.2 m。工作面架后顶煤初垮步距为:轨道巷 8 m,运输巷 9.4 m,平均 8.7 m（不包括切眼宽度 7.5 m）。

（2）工作面初次来压强度

来压期间支架最大工作阻力 8 194.81 kN,平均 6 841.91 kN,分别占额定工作阻力的 96.4% 和 80.4%,说明来压期间支架支护能力得到了较大的发挥,富余量较小。工作面平均动压系数 1.64,与 1302 工作面相近（初采平均动压系数 1.61）。

受断层的影响,中部支架工作阻力偏高,对初次来压后的支架末阻力的统计（70# 架）表明,支架末阻力最大 7 912.234 kN,平均 6 887.379 kN。

7.3.3　工作面周期来压特点

1303 工作面来压步距（按中部）最大 23.14 m,最小 9.79 m,平均 14.11 m。上部来压步距稍大,平均 15.02 m,下部则相对较小,平均 10.83 m,即工作面来压步距从上到下逐渐减小。工作面上中下三个部位统计所得动载系数分别为:1.71、1.47 和 1.75,呈两端大中间小的特点。

1302 工作面与 1303 工作面为同采 3 煤层的相邻工作面,围岩地质条件基本相同。1302 工作面采用 ZFS6200-18/35 型综放液压支架,支护强度 0.75 MPa,移架步距 0.8 m,工作面采高 2.8～3.0 m,1302 与 1303 工作面中部矿压观测结果对比如表 7-4 所示。

表 7-4 **1302 与 1303 工作面中部矿压观测结果对比表**

			1302 工作面	1303 工作面
来压步距/m		范围	13.7～27.0	10.83～15.02
		平均	21.1	13.32
动载系数		范围	1.43～1.86	1.47～1.75
		平均	1.61	1.64

两工作面来压步距的变化范围不同,1303 工作面平均来压步距较 1302 工作面减小了 7.78 m;1303 和 1302 工作面动载系数比较相近,分别为 1.61 和 1.64。

工作面矿压显现是顶板活动规律、支架支护参数、采高及操作质量等因素的综合体现。统计结果表明,1303 工作面非来压期间支架工作阻力偏低,约为额定工作阻力的 50%,需通过加强支护操作管理,提高支架初撑力等使工作面顶板支护质量进一步提高,为工作面的生产提供更有利的安全保障。

7.4　两柱掩护式综放液压支架的承载规律

7.4.1　两柱掩护式综放液压支架的工作特性分析

工作面支架的承载特征是液压支架工作特性的反映,体现了支架的支护质量、工作状态及顶板的活动程度。实测分析得出支架的工作特性主要有初撑、增阻、降阻、先增后降和先降后升五种状态。工作面各部位支架处于五种状态的比例见图 7-3。支架处于降阻状态的比例较小,在工作面上、中、下部,支架在每个循环中降阻状态所占比例合计为 1.7%、1.17% 和 3.96%。大部分情况下支架处于增阻或初撑状态,在工作面上、中、下部两者合计所占比例分别为 89.8%、78%、67.11%,其中以增阻为主所占比例分别为 72.28%、75.5%、62.23%。

由于放煤和顶板活动的影响,支架也存在一些较复杂的工作状态,主要可分为先降后升和先升后降状态,在工作面上、中、下部复杂状态所占的比例分别为8.5%、20.83% 和 28.96%。

从支架工作状态看,支架主要处于增阻状态有利于支撑能力的发挥,但受放煤工序的影响,支架承载处于复杂变化过程的状态也存在相当的比例,是两柱式支架适应性的一个重要因素。尽管支架存在复杂承载状态,但通过比较末阻力与初撑力,支架整体上处于增阻状态的比例在工作面上、中、下部分别为92.1%、88.4% 和 91.7%,支架的支撑能力得到了较好的发挥。

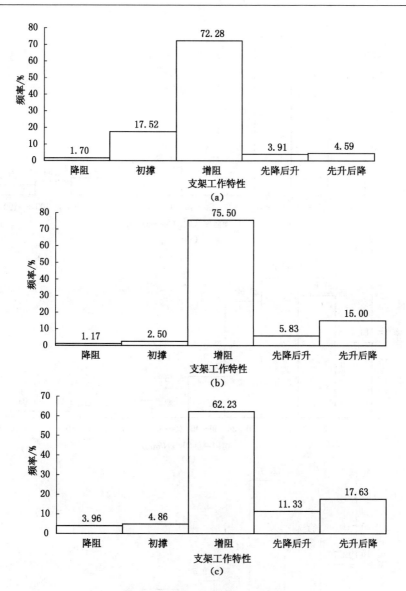

图 7-3 支架支撑状态分布情况

(a) 上部（运输巷侧）；(b) 中部；(c) 下部（轨道巷侧）

7.4.2 支架增阻率

支架增阻过程受顶板活动强度和支架工作特性的影响，支架增阻率是支架与围岩相互作用过程中两个因素的综合反映。图 7-4 为工作面不同部位两柱掩护式液压支架的增阻率的分布情况。

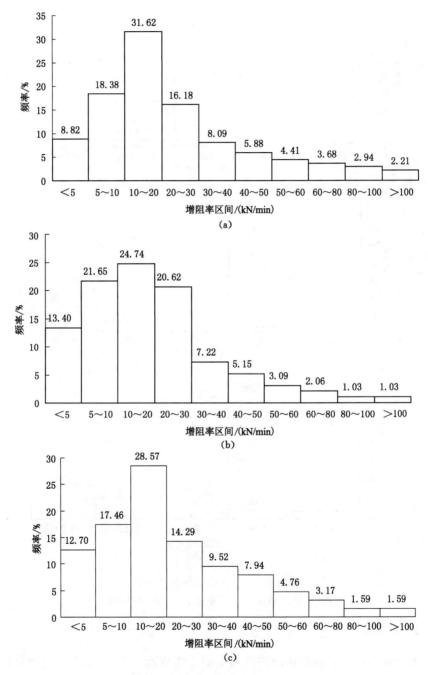

图 7-4　支架增阻率区间分布频率图

（a）上部（运输巷侧）；（b）中部；（c）下部（轨道巷侧）

统计结果表明，支架增阻率基本上呈正态分布，分布的均值在 10～20 kN/min 范围。增阻率主要分布在 5～30 kN/min 的范围，在工作面上、中、下部分别占到 66.18％、67.01％和 60.32％。增阻率沿工作面倾向呈中部低两端高的特点，上、中、下部平均增阻率分别为 26.9 kN/min、22.9 kN/min 和 32.1 kN/min。

7.4.3 支架支护阻力区间分布

随工作面推进，每个循环内支架阻力的大小因支架操作质量、控顶效果及顶板动态变化的影响而不同，而且在工作面不同部位阻力大小也有差异，反映了工作面顶板的压力大小及支架支护效能的发挥程度。

图 7-5 为统计分析得到的工作面上部支架支护阻力（P_t，P_m）频率分布直方

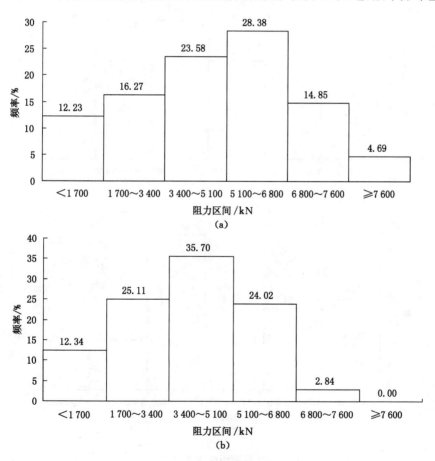

图 7-5　工作面上部支架阻力分布

（a）末阻力；（b）时间加权阻力

图。末阻力主要分布在额定工作阻力的 40％～80％(3 400～6 800 kN)范围,占统计循环数的 51.96％。末阻力大于支架额定工作阻力 80％的比例为19.54％,小于额定工作阻力 20％的比例为 12.23％。

时间加权阻力大于额定工作阻力 80％的比例为 2.84％,小于额定工作阻力 20％的比例为 12.34％。

图 7-6 为统计分析得到的工作面中部支架支护阻力(P_t,P_m)频率分布直方图。末阻力主要分布在额定工作阻力的 40％～90％(3 400～7 600 kN)范围,占统计循环数的 68.45％。末阻力大于支架额定工作阻力 80％的比例为 34.6％,小于支架额定工作阻力 20％的比例为 10.56％。

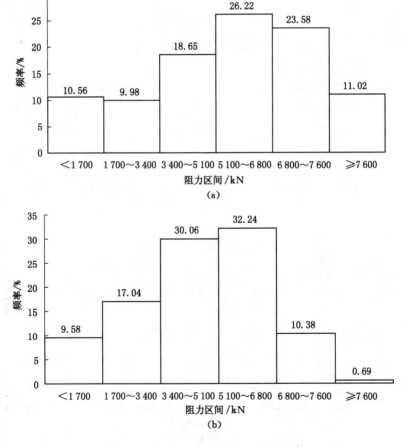

图 7-6　工作面中部支架阻力分布

(a) 末阻力;(b) 时间加权阻力

时间加权工作阻力大于支架额定工作阻力 80％的比例为 11.07％,小于支架额定工作阻力 20％的比例为 9.58％。

图 7-7 为统计分析得到的工作面下部支架支护阻力(P_t,P_m)频率分布直方图。末阻力主要分布在额定工作阻力的 40％～80％(3 400～7 600 kN)范围,占统计循环数的 50.87％。末阻力大于支架额定工作阻力 80％的比例为 22.7％,小于支架额定工作阻力 20％的比例为 15.15％。

时间加权工作阻力大于支架额定工作阻力 80％的比例为 6.13％,小于支架额定工作阻力 20％的比例为 15.50％。

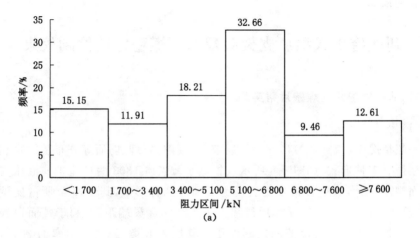

（a）

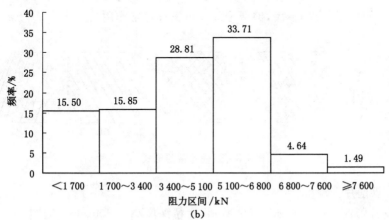

（b）

图 7-7　工作面下部支架阻力分布

（a）末阻力;（b）时间加权阻力

从工作面支架阻力分布看,支架的平均工作阻力较高,上、中、下部末阻力的平均值分别为 4 642.67 kN、5 289.32 kN、4 817.77 kN,占额定工作阻力的54.6%、62.2%和56.7%。支架的利用率较高,工作面上、中、下部支架末阻力大于额定工作阻力 60%(5 100 kN)的比例分别为 47.92%、60.82%、54.91%。

由于放顶煤工作面顶板活动的复杂性和操作质量的差异,支架工作阻力分布存在较大的不均衡性,在工作面上、中、下三个部位既有 20%～30%比例的支架末阻力大于额定工作阻力的 80%,也有 10%～15%比例的支架末阻力小于额定工作阻力的 20%,说明两柱掩护式综放液压支架对顶板压力变化有较强的适应性和控顶能力。

7.5 两柱掩护式综放支架对端面顶煤稳定性控制效果

7.5.1 非断层影响区煤壁片帮实测

(1)煤壁片帮形式

一般情况下,煤壁片帮形式因煤层节理、裂隙、层理、弱面等分布及发育程度不同往往有多种形式,如图 7-8 所示。根据东滩煤矿 1303 两柱掩护式液压支架工作面观测统计,煤壁片帮主要表现为 a 和 b 两种形式,其中,a 类所占比例较大,占总频率的 70%以上,a 类片帮增大了支架实际梁端距,不利于端面顶板的稳定性及护帮千斤顶对煤壁的控制作用。其次为 b 类,约占总频率的 20%,此类片帮对顶板控制影响不大,护帮千斤顶可发挥正常作用。

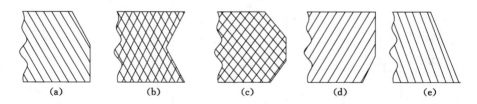

(a)　　　　(b)　　　　(c)　　　　(d)　　　　(e)

图 7-8　煤壁片帮的形式

(2)煤壁片帮深度

煤壁片帮深度的分布如图 7-9 所示,片帮深度小于 600 mm 的比例,占统计总数的 72.33%。片帮深度小于 600 mm 时,对生产没有影响,不需要特别的处理。其次为 600～900 mm 之间,占统计总数的 22.76%,这种情况下,一般及时采取超前支护,减少空顶面积,不需要进行专门处理。而大于 900 mm 的频率占

4.92%,如果片帮长度小于2.0 m,则采用及时超前支护或采取专项措施提前控制。现场观测表明,片帮深度在900 mm以上的情况主要发生在基本顶来压、顶板较为破碎或者工作面局部有断层时等情况,严重时片帮深度可达1.0 m以上,片帮长度都不大,一般小于2.0 m,对生产影响较小。

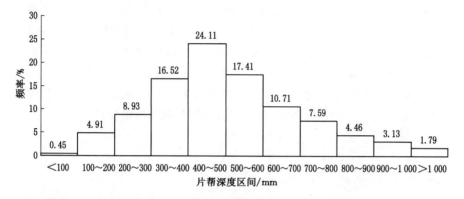

图7-9　煤壁片帮深度的频率分布

（3）煤壁片帮率

煤壁片帮深度反映了工作面局部片帮的程度,为评价工作面煤壁的整体稳定性情况,采用片帮沿工作面倾向的累计总长度占工作面长度的比值,即煤壁片帮率表示其稳定性程度。现场统计煤壁片帮率的分布如图7-10所示,片帮率主要分布在0%～12%之间,占统计总数的81.82%。现场实践证明,煤壁片帮率小于12%的情况下,未发生因煤壁失稳引起的冒顶事故及生产的中断。片帮率大于12%的频率为18.18%,在该条件下,易发生片帮引起冒高大于500 mm的局部冒顶。总体上看,工作面煤壁整体稳定性较好,未发生正常生产中因片帮引起的停机事故。

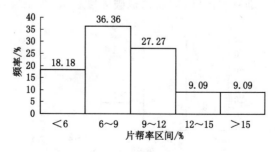

图7-10　片帮率分布

7.5.2 非断层影响区端面顶煤的稳定性

(1) 端面冒顶高度

工作面端面冒顶高度的实测统计区间分布结果如图 7-11 所示。由图可见，工作面冒顶高度主要分布在小于 600 mm 范围内，占总次数的 88.9%。冒高小于 600 mm 时工作面端面冒顶对生产影响较小，不需要专门处理。冒高在 600～900 mm 的端面冒顶所占比例为 8.3%，需要加强对支架初撑力的监测，提高初撑力，并保持支架顶梁不要出现过大的抬头，就可控制冒顶的发生或进一步发展，并逐步改善端面顶煤的稳定性。端面冒高大于 900 mm 并且冒顶范围较大时，则需要通过刹顶的方式使支架顶梁接顶前移，该情况的比例仅占 2.8%。

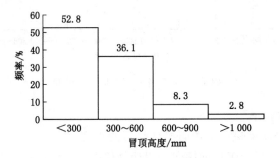

图 7-11　工作面冒顶高度的分布

(2) 顶板破碎度

工作面顶板破碎度反映了工作面端面顶板的整体稳定性及工作面顶板管理的整体效果。对 1303 工作面冒顶区顶板破碎度的统计表明，冒顶区的端面破碎度最大 7.0%，最小 0.21%，平均 1.75%。图 7-12 为工作面顶板破碎度的分布情况，端面顶板破碎度小于 3% 的比例为 88.89%。现场实践发现，对工作面生产影响较大的是局部冒顶高度，即使顶板破碎度较大，如果冒顶高度普遍较小，

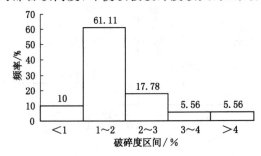

图 7-12　工作面顶板破碎度分布

则对生产影响不大。但如果顶板破碎度较大,则易引起支架位态的不合理,形成不良的支架围岩关系。

通过对东滩矿 1303 工作面的矿压观测表明,正常推进期间,两柱掩护式支架综放工作面片帮冒顶的频率和范围都较小,未发生因片帮冒顶引起的停产事故。与相邻四柱支撑掩护式支架综放工作面相比,两柱掩护式支架综放工作面对片帮冒顶的控制效果得到了明显提高,为工作面安全高效生产创造了良好的工作环境。

7.6 两柱掩护式综放液压支架的适应性

7.6.1 两柱掩护式综放液压支架位态实测

现场对两柱掩护式综放液压支架位态进行了实测统计分析,支架顶梁仰俯角的现场统计结果如表 7-5 所示。支架底座的仰俯角受底板走向倾角的控制,观测期间底板平均角度 2.5°,最大仰角达到 29°,支架主要处于爬坡状态,个别情况下,支架处于下坡状态,底座最大俯角 12°。支架立柱平均前倾最大 90°,最小 65°,平均角度 80.8°,倾角越小越利于发挥主动水平工作阻力。顶梁仰俯角最大 17°,最小 −16.5°,平均 4°。观测发现支架顶梁仰俯角在 −3°～3° 基本不发生冒顶,且冒顶高度较小;仰俯角在 −7°～−3° 及 3°～10° 常会发生冒高小于 300～400 mm 的冒顶,对生产影响不大;而当仰角超过 11°,俯角超过 −7° 时则易发生冒高超过 1 m 的冒顶,严重时需要停产处理。对支架顶梁仰俯角分布的统计如图 7-13 所示。若把小于 −3° 作为低头状态,−3°～3° 作为水平状态,大于 3° 作为抬头状态,则支架顶梁处于低头、抬头和水平状态的比例分别为 9.1%、60.2% 和 30.8%,支架顶梁绝大多数情况下处于上仰状态。

表 7-5　　　　　　两柱掩护式综放液压支架位态现场统计结果

	采高 /m	底座的仰俯角/(°) (仰正,俯负)	立柱的倾斜角/(°)	顶梁的仰俯角/(°) (仰正,俯负)
最大	3.91	29	90	17
最小	2.01	−12	65	−16.5
平均	3.3	2.5	80.8	4

在工作面中部存在一倾角较大斜坡,把工作面分成了三个区域。对三个区域支架位态分别进行了统计,结果如表 7-6 所示。由统计结果可见,三个部位工作面倾向倾角的变化对支架位态影响不大。

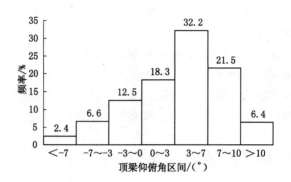

图 7-13　支架顶梁仰俯角频率分布

表 7-6　　　　　　　　　　工作面不同部位的支架位态统计结果

工作面部位	采高 /m	底座的仰俯角/(°) (仰正,俯负)	立柱倾角/(°) (前倾为正,后仰为负)	顶梁的仰俯角/(°) (仰正,俯负)
上部	3.15	2.89	80.19	5.92
中部	3.22	2.39	80.23	7.45
下部	3.33	2.21	80.40	6.62

　　支架立柱前倾角度的大小对于发挥支架的水平工作阻力,提高端面控顶能力有很大影响。图 7-14 为支架立柱的前倾角随采高变化的分布情况。从图中可以看出,随着采高的加大,支架立柱的前倾角有增大趋势,即降低采高可以提高支架水平工作阻力。从观测数据的分布形式上看,立柱前倾角度受采高的影

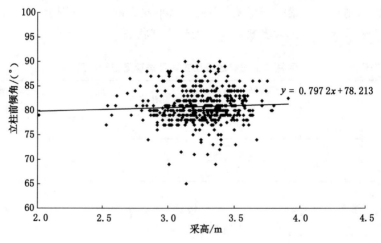

图 7-14　立柱前倾角与采高的关系

响。图 7-15 为支架立柱的倾角随顶梁仰俯角不同的分布情况。从图中可以看出,随顶梁仰角加大,支架立柱的前倾角有增大趋势,即顶梁过大的抬头不利于支架水平支撑能力的发挥。图 7-16 为支架立柱倾角随底板走向倾角变化的分布情况。从图中可以看出,随着底板走向倾角加大,支架立柱的前倾角有增大趋势,即爬坡状态不利于支架水平支撑能力的发挥。由此可见,两柱掩护式综放支架立柱前倾角度受多种因素的影响,降低采高、减小顶梁的仰头有利于支架水平支护能力的发挥,而当支架处于仰采时则不利于支架水平支护能力的发挥。

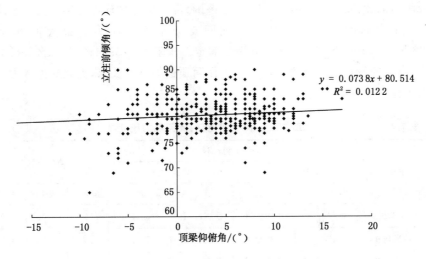

图 7-15　立柱前倾角与顶梁仰俯角的关系

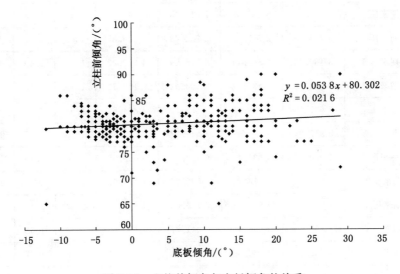

图 7-16　立柱前倾角与底板倾角的关系

7.6.2 两柱掩护式综放液压支架对矿山压力的适应性

随着工作面的推进,每个循环内支架阻力的大小因支架操作质量、控顶效果及顶板动态变化的影响而不同,而且在工作面不同部位阻力大小也有差异,这反映了工作面顶板的压力大小、支架的适应性以及支护效能的发挥程度。

表7-7至表7-10为实测工作面支架在基本顶来压期间与非来压期间的工作阻力及分析结果。一般情况下,支架的末阻力大于时间加权阻力,末阻力与时间加权阻力的比值主要分布在1.1~1.6范围,说明采煤循环内支架主要处于增阻状态。工作面的上、中、下部来压期间支架平均末阻力的最大值分别为7 598 kN、7 500 kN、8 194 kN,分别为额定工作阻力的89.4%、88.2%、96.4%,可见,支架的设计支护能力能够满足工作面顶板的支护要求,支架支撑能力得到了较大程度的发挥。

表 7-7 　　　　　　　　　工作面上部(运输巷侧)支架阻力统计

序号	工作阻力/kN				动载系数		
	非来压期间		来压期间		按 P_m	按 P_t	平均
	P_m	P_t	P_m	P_t			
初次来压	2 779.73	2 198.31	5 568.27	4 527.59	2.00	2.06	2.03
周期来压 1	4 688.73	3 490.59	7 264.66	5 585.97	1.55	1.60	1.57
周期来压 2	5 112.60	3 933.93	6 216.76	4 819.97	1.22	1.23	1.22
周期来压 3	4 916.89	3 232.62	7 017.40	5 545.53	1.43	1.72	1.57
周期来压 4	3 734.76	2 717.06	5 962.43	4 529.85	1.60	1.67	1.63
周期来压 5	3 480.44	2 861.14	6 016.59	4 270.23	1.73	1.49	1.61
周期来压 6	4 941.78	3 486.84	7 163.92	5 153.79	1.45	1.48	1.46
周期来压 7	3 697.09	2 373.16	5 651.60	4 894.61	1.53	2.06	1.80
周期来压 8	5 913.99	4 859.57	7 441.27	6 662.83	1.26	1.37	1.31
周期来压 9	4 960.85	4 031.46	6 460.09	5 029.39	1.30	1.25	1.27
周期来压 10	3 092.68	2 514.76	4 882.35	4 145.97	1.58	1.65	1.61
周期来压 11	2 527.52	1 501.44	6 746.03	4 660.04	2.67	3.10	2.89
周期来压 12	4 483.60	3 896.90	7 441.27	6 154.56	1.66	1.58	1.62
周期来压 13	4 482.74	4 182.55	7 547.24	6 562.81	1.68	1.57	1.63

序号	工作阻力/kN				动载系数		
	非来压期间		来压期间		按 P_m	按 P_t	平均
	P_m	P_t	P_m	P_t			
周期来压 14	3 797.17	3 087.24	6 358.05	4 178.10	1.67	1.35	1.51
周期来压 15	5 582.19	4 678.77	7 135.14	5 806.04	1.28	1.24	1.26
周期来压 16	5 283.13	5 258.82	6 954.60	5 785.82	1.32	1.10	1.21
周期来压 17	5 381.86	4 679.95	6 185.36	5 556.27	1.15	1.19	1.17
周期来压 18	5 492.19	4 886.16	7 598.26	6 175.21	1.38	1.26	1.32
周期来压 19	4 243.93	4 109.21	6 499.34	5 847.28	1.53	1.42	1.48

表 7-8　　　　　　　　工作面中部支架阻力统计

序号	工作阻力/kN				动载系数		
	非来压期间		来压期间		按 P_m	按 P_t	平均
	P_m	P_t	P_m	P_t			
周期来压 1	5 026.50	3 748.74	7 194.01	5 334.44	1.43	1.42	1.43
周期来压 2	5 289.54	3 661.13	7 469.53	5 703.90	1.41	1.56	1.49
周期来压 3	5 899.92	4 270.11	7 417.72	5 804.39	1.26	1.36	1.31
周期来压 4	5 651.60	3 923.75	6 979.72	5 099.18	1.24	1.30	1.27
周期来压 5	3 448.52	2 275.38	5 274.82	4 179.21	1.53	1.84	1.68
周期来压 6	3 149.59	2 445.87	5 121.76	4 985.37	1.63	2.04	1.83
周期来压 7	4 035.82	4 082.29	6 480.50	5 504.50	1.61	1.35	1.48
周期来压 8	6 177.51	5 243.06	7 468.18	6 817.99	1.21	1.30	1.25
周期来压 9	4 336.51	3 764.14	7 048.80	6 885.17	1.63	1.83	1.73
周期来压 10	2 736.84	2 711.2	5 070.74	4 495.93	1.85	1.66	1.76
周期来压 11	4 215.15	3 469.25	5 875.3	3 638.70	1.39	1.05	1.22
周期来压 12	5 708.11	5 204.20	6 899.66	5 318.35	1.21	1.02	1.12
周期来压 13	6 012.67	5 496.31	7 500.14	6 265.22	1.25	1.14	1.19
周期来压 14	5 844.69	5 666.86	7 284.28	6 537.66	1.25	1.15	1.20
周期来压 15	4 979.40	5 613.70	7 497.78	7 083.59	1.51	1.26	1.38

表 7-9 工作面下部(轨道巷侧)支架阻力统计

序号	工作阻力/kN				动载系数		
	非来压期间		来压期间		按 P_m	按 P_t	平均
	P_m	P_t	P_m	P_t			
初次来压	3 115.25	2 914.82	5 517.03	4 512.58	1.77	1.55	1.66
周期来压 1	3 935.19	3 496.12	6 656.32	6 172.13	1.69	1.77	1.73
周期来压 2	3 524.61	2 901.59	6 416.92	4 807.73	1.82	1.66	1.74
周期来压 3	4 739.10	2 941.07	6 887.88	5 057.22	1.45	1.72	1.59
周期来压 4	4 657.61	4 298.54	8 194.81	6 804.12	1.76	1.58	1.67
周期来压 5	4 878.43	3 474.29	7 378.47	4 948.90	1.51	1.42	1.47
周期来压 6	4 461.34	3 044.81	7 102.17	5 492.80	1.59	1.80	1.70
周期来压 7	3 920.79	2 726.03	6 758.37	5 642.01	1.72	2.07	1.90
周期来压 8	4 064.44	2 637.21	7 222.41	5 842.42	1.78	2.22	2.00
周期来压 9	4 803.86	3 496.26	7 818.04	5 998.28	1.63	1.72	1.67
周期来压 10	4 494.36	3 154.36	5 828.21	3 951.26	1.3	1.25	1.27
周期来压 11	4 373.26	3 212.73	6 393.37	5 919.32	1.46	1.84	1.65
周期来压 12	3 673.54	2 931.13	6 122.56	5 135.33	1.67	1.75	1.71
周期来压 13	3 880.04	2 729.87	7 893.40	5 923.59	2.03	2.17	2.10
周期来压 14	3 763.25	3 432.96	7 073.94	5 833.282	1.88	1.70	1.79
周期来压 15	5 332.01	5 080.72	6 675.95	5 452.68	1.25	1.07	1.16
周期来压 16	5 024.85	5 220.27	6 179.08	6 189.79	1.23	1.19	1.21
周期来压 17	6 590.16	5 910.33	7 123.37	6 039.18	1.08	1.02	1.05
周期来压 18	5 988.00	5 701.19	6 950.12	6 049.77	1.16	1.06	1.11
周期来压 19	5 613.92	4 853.60	6 970.30	6 016.91	1.24	1.24	1.24
周期来压 20	7 196.37	6 343.97	7 705.01	6 715.12	1.07	1.06	1.06

表 7-10 工作面支架阻力统计分析

项目	上 部							
	非来压期间				来压期间			
	P_m /kN	占额定阻力比值 /%	P_t /kN	占额定阻力比值 /%	P_m /kN	占额定阻力比值 /%	P_t /kN	占额定阻力比值 /%
平均值	4 430	52.1	3 599	42.3	6 606	77.7	5 295	62.3
最大值	5 914	69.6	5 259	61.9	7 598	89.4	6 663	78.4

项目	上　部							
	非来压期间				来压期间			
	P_m /kN	占额定阻力比值 /%	P_t /kN	占额定阻力比值 /%	P_m /kN	占额定阻力比值 /%	P_t /kN	占额定阻力比值 /%
最小值	2 528	29.7	1 501	17.7	4 882	57.4	4 146	48.8
均方差	976		1 029		752		784	
平均值加两均方差	6 382	75.1	5 656	66.5	8 110	95.4	6 863	80.7
中　部								
平均值	4 834	56.9	4 105	48.3	6 706	78.9	5 577	65.6
最大值	6 178	72.7	5 667	66.7	7 500	88.2	7 084	83.3
最小值	2 737	32.2	2 275	26.8	5 071	59.7	3 639	42.8
均方差	1 117		1 137		914		1 020	
平均值加两倍均方差	7 068	83.2	6 379	75.1	8 534	100.4	7 618	89.6
下　部								
平均值	4 668	54.9	3 833	45.1	6 898	81.2	5 643	66.4
最大值	7 196	84.7	6 344	74.6	8 195	96.4	6 804	80.0
最小值	3 115	36.7	2 637	31.0	5 517	64.9	3 951	46.5
均方差	1 028		1 184		686		703	
平均值加两倍均方差	6 724	79.1	6 201	73.0	8 271	97.3	7 048	82.9

7.6.3　过断层期间两柱掩护式综放液压支架的稳定性

1303 工作面一号井东断层是一贯穿工作面切眼到轨道巷的正断层（图 7-17），落差 9.0～12.1 m，对回采有很大的影响。受该断层的影响，上覆岩层自工作面开始推进就存在断层活化引起的震动声响。如运输巷推进 1.7 m，轨道巷推进 13 m 时，45# 架至轨道巷范围内的顶煤全部垮落，且在断层附近，上覆岩层出现较频繁的断裂震动。该断层对基本顶的初次断裂及其矿压显现有较大影响，并且影响到煤壁与端面顶煤的稳定性和支架的支护效果。为此，对断层影响区支架的受力、位态与控顶效果等进行了专项观测。

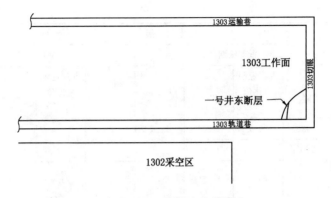

图 7-17　断层位置示意图

　　图 7-18 为过断层期间支架末阻力随工作面推进距离的变化情况,在断层影响区,支架压力一般处于高阻力状态,基本顶来压显现不明显。图 7-19 为过断层期间支架末阻力分布情况。支架末阻力主要集中在>5 000 kN 的范围,占 72.22%。

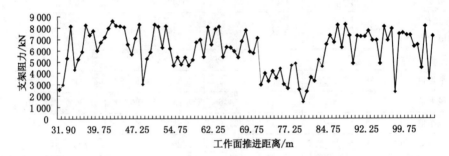

图 7-18　断层区支架末阻力随工作面推进距离的变化情况

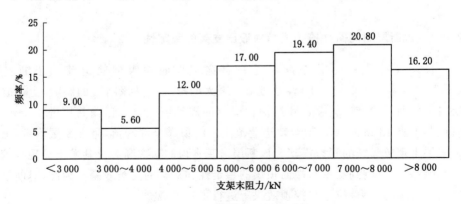

图 7-19　断层区支架末阻力分布

与邻近非断层影响区内 127#、128# 架观测结果相比,在非断层影响区支架末阻力平均值为 4 817.77 kN,占额定工作阻力的 56.7%,在断层影响区支架末阻力平均值为 5 963.5 kN,占额定工作阻力的 70.2%。在非断层影响区支架末阻力大于 7 000 kN 的比例约为 22.07%;而在断层影响区,支架末阻力大于 7 000 kN 的比例为 37%。断层区顶板压力大,有 16.2% 的支架压力超过了 8 000 kN,接近额定工作阻力,说明在断层影响区支架额定工作阻力相对偏小,需要加强该区域的支架压力监测,防止支架压死事故。

图 7-20 为断层影响区支架顶梁仰俯角的统计结果。支架顶梁仰俯角分布呈中间小、两端大的特点。支架有 52.81% 的情况下呈现低头状态。一般当支架俯角超过 7°,仰角超过 10° 时,支架与围岩关系处于不良状态,易引起较大的端面冒顶。在断层区,有 24.16% 比例的支架俯角超过 7°,17.98% 比例的支架仰角超过 10°,两者合计所占比例 42.14%。

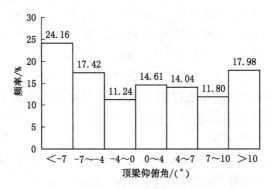

图 7-20　断层影响区支架位态的统计结果

图 7-21 为断层影响区端面冒顶高度的统计结果。断层影响区,工作面端面稳定性差,易发生冒高较大的冒顶,统计冒高超过 1 000 mm 的冒顶占统计总次数的 70.6%。

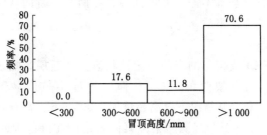

图 7-21　断层影响区端面冒顶高度的统计结果

在断层影响区,沿断层面顶板不平整,而且需要采取爆破方式向前推进,爆破造成采高不均匀,过断层时需要支架顶梁有较大的仰俯变化,从而造成支架顶梁仰俯角度大变化较大,加之顶板压力较大,从而造成支架的控顶效果较差,这也是造成断层区端面易于冒顶的原因。

7.6.4 两柱掩护式综放液压支架的适应性评价

通过现场实测与模拟实验,分析了煤层硬度、推进倾角、底板强度及断层条件的变化对 ZFY8500/21/40D 型两柱掩护式综放液压支架支撑能力发挥及控顶效果的影响。

(1)支架支撑能力

现场对支架工作阻力观测表明,无论是正常支护阶段,还是在断层影响区,两柱掩护式支架都能发挥出较高的支撑力。每个循环对支架阻力的观测结果表明支架主要处于初撑和增阻状态,工作面上、中、下三个部位所占比例分别为89.8%、78%、67.11%。有些情况下,是放煤造成的阻力下降,从末阻力与初撑力相对大小来看,末阻力大于初撑力的比例在 90% 以上。

断层影响区,应力强度大,顶煤节理发育,往往较为破碎,从支护阻力的观测来看,破碎顶煤并未影响支架支撑能力的发挥,平均末阻力为正常阶段的 1.24 倍。支架支撑能力发挥程度主要与围岩压力有关。

(2)支架端面控顶效果

煤层硬度的变化对支架端面控顶能力的发挥有很大影响。数值模拟结果表明,在硬煤和中硬煤条件下,可以通过提高支架的水平承载能力来提高支架对端面冒顶的控制效果。东滩矿现场观测表明,在中硬煤条件下($f=2\sim3$),采用 ZFY8500/21/40D 型支架后,在断层影响区外,工作面片帮冒顶的频率较小,如在 5 月 8 日、5 月 15、5 月 17 整个生产班未发生冒顶现象,仅有个别地方存在深度小于 300 mm 的片帮。工作面片帮深度和冒顶高度超过 1 000 mm 的比例不到 3%,且范围较小,基本不需要专项处理。在两个多月的观测期间,仅出现一次因冒顶而造成的停产事故。

(3)支架位态

支架位态反映了支架与围岩的稳定性状态。在断层影响区外,对支架位态的实测分析表明,当支架俯角超过 7°,仰角超过 10° 时,易于发生冒高超过 500 mm 的端面冒顶,个别情况下冒高超过了 1 000 mm。因此,合理的支架顶梁仰俯角度范围为 $-7°\sim10°$,观测支架顶梁仰俯角度在该范围的比例为 91.1%。观测支架最大仰角 17°,最大俯角 16.5° 时存在冒高超过 900 mm 的冒顶,但范围较小,没给移架带来困难,对生产影响不大。

支架顶梁仰俯角度受煤层走向倾角影响较大。当仰采角度超过 20°时,顶梁易形成超过 10°的俯角;当俯采角度超过 10°时,顶梁易形成超过 7°的仰角。因此,两柱掩护式支架综放工作面沿推进方向倾角合适范围为:−10°～20°。

(4)支架对断层影响的适应性

工作面过一号井东断层期间对支架位态和控顶效果的观测表明,两柱掩护式支架过断层时其位态变化较大,对工作面片帮冒顶的控制效果较差,需要采取专项处理措施,如移架时需要用木料刹顶,再升柱使其严密接顶等。

综上所述,两柱掩护式综放液压支架在东滩煤矿 1303 较复杂工作面条件下,取得了良好的支护效果,且支撑能力大,有利于为工作面生产系统保持一个安全的工作环境。但当断层落差较大,如超过 10 m 时,支架支护效果较差。因此,进一步提高两柱掩护式综放液压支架在断层影响区的适应性,是保证自动化信息化综放工作面顺利实现的关键。

7.7　两柱掩护式支架综放工作面回采工序协调性分析

液压支架既是支护系统的主体,又是工作面系统推移的关键设备。放顶煤液压支架又成了采煤系统的一部分。因此,放顶煤液压支架是支护、推移与采煤系统的综合体,是决定工作面效率的核心因素之一。工作面前部刮板输送机的前移过程与移架过程并行,后部刮板输送机的前移与放煤工序并行。所以决定工作面效率的主要是工作面刮板输送机能力与采放能力的配套关系,放煤、移架和割煤三个过程的速度协调关系,以及配套设备运行动作的协调性。

7.7.1　两柱掩护式综放液压支架移架时间实测分析

降架过程比较简单,不用过多考虑围岩状态,工序配合的时间一般在降架前已完成,不计在降架所需时间以内,所以降架时间主要受液压系统的能力及降架程度的影响。在实测的降架时间样本中,降架时间最短为 1 s,最长为 26 s,平均为 7.91 s。两柱掩护式综放液压支架降架时间的频率分布如图 7-22 所示。降架时间主要集中在 5～10 s 之间,占 40.07%,降架时间超过 15 s 占的比例较小,占 9.37%,主要是由于顶板状况等导致非正常降架造成的。

调整移进步距是影响拉架时间的主要因素,受底板平整程度和工人熟练程度的影响,实测的拉架时间最短为 2 s,最长为 78 s,平均为 17.88 s。实测两柱掩护式综放液压支架拉架时间的频率分布如图 7-23 所示。拉架时间主要集中在 5～30 s 之间,占 84.7%。个别情况下需要多次边拉边调,调架时间过长,拉架时间超过 45 s,占 3.36%。

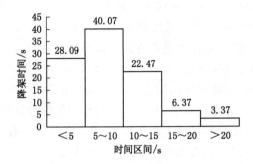

图 7-22　支架降架时间的频率分布

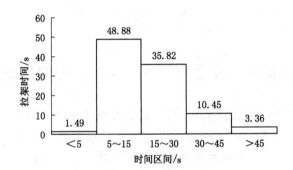

图 7-23　支架拉架时间的频率分布

升架受顶板条件影响大,有时是顶底板不平整,造成支架位态或接顶效果不好,需要反复升降升调整,甚至降下重新拉移调整再升架。实测升架时间最短为 4 s,最长为 49 s,平均为 16.5 s。实测支架升架时间的频率分布如图 7-24 所示。从图中可以发现,支架升架时间主要集中在<30 s 的范围内,占 92.91%。

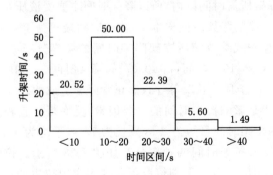

图 7-24　支架升架时间的频率分布

以上统计表明,支架降一拉一升各阶段所用时间的长短关系为降架<升架<拉架。在移架过程中,降架时间最短,拉、升过程所用时间为降架时间的2倍以上。从操作过程看,拉、升过程需要多次调架是造成两过程用时较长的主要原因。

实测的移架工序降、移和升全过程总时间样本中,移架工序总时间最短为16 s,最长为111 s,平均为40.29 s。单架移架总时间频率分布如图7-25所示。单架移架总时间主要集中在20~60 s,占83.58%。

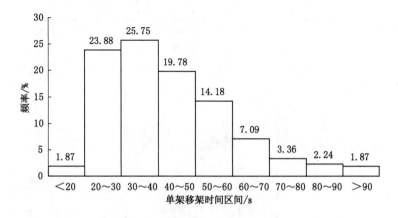

图 7-25 单架移架总时间的频率分布

7.7.2 两柱掩护式综放液压支架放煤时间实测分析

两柱掩护式综放工作面通过收缩支架尾梁插板、摆动尾梁的方法来放出顶煤。工作面放煤高度约6.07 m,采放比为1∶2.02。放煤步距0.8 m,放煤方式采用一刀一放,分段多轮顺序放煤,现场主要采用分段两轮顺序放煤。初次放煤在支架推过切眼后顶煤自然垮落时开始进行,实测放煤时间如图7-26所示。

实测第一轮放煤时间如图7-26(a)所示。第一轮放煤最长放煤时间为134 s,最短放煤时间为0 s,平均为31.51 s。从分布来看,第一轮放煤时间主要集中在15~30 s,占到了40.7%,第一轮放煤时间为0 s主要是因为拉架过程中漏煤严重。实测第二轮放煤时间如图7-26(b)所示,第二轮放煤最长放煤时间为220 s,最短为6 s,平均为29.43 s。从分布形式上看,第二轮放煤时间比较分散,由于第一轮放煤时间主要人为控制,时间相对集中,第二轮放煤则受顶煤的冒放性制约。放煤时间随地质环境的变化而变化较大,但从平均时间来看,两轮放煤时间比较接近。

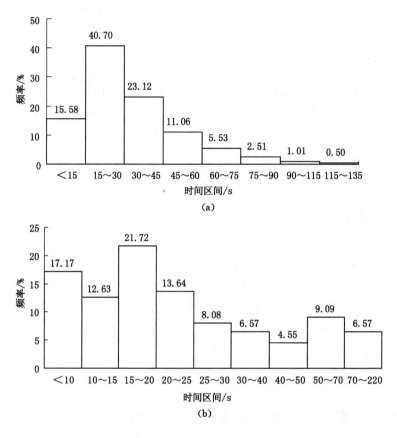

图 7-26　放煤时间频率分布

(a) 第一轮；(b) 第二轮

实测单架放煤时间最长为 235 s，最短为 7 s，平均为 63.73 s。单架整架放煤所需时间频率分布如图 7-27 所示。单架放煤时间的区间分布近似呈正态分布，且主要集中在 30～90 s 的范围内，占 69.85%。

7.7.3　两柱掩护式综放液压支架操作时间与割煤速度的协调性

工作面采煤机开机情况实测结果统计见表 7-11。对数个生产班早班内采煤机的开机率实测分析表明，开机率最小为 50.31%，最大为 82.79%，平均为 67.53%。影响采煤机开机率的主要因素有煤仓满仓、端头工人挂网作业、端头拉架等，诸多因素中以煤仓满仓影响最为明显，影响时间最长达到 95 min。

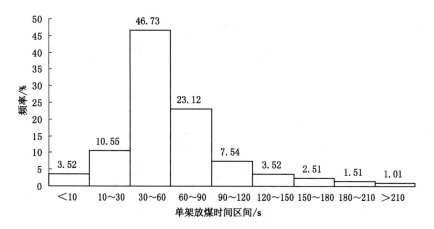

图 7-27 单架放煤时间频率分布

表 7-11 工作面采煤机开机率记录表

生产班次:早班　　时间:2007 年 5 月 8 日

割　煤			停　机		
起始架号	终止架号	连续割煤时间 /min	停机位置 （架号）	停机时间 /min	停机原因
124	135	5	135	5	端头拉架
135	132	10	132	12	机尾清煤
132	114	15	114	6	
114	106	4	106	5	
106	100	5	100	5	
100	20	30	20	10	
20	1	15	1	15	
1	10	20	10	20	满仓
20	60	50			

生产班次:早班　　时间:2007 年 5 月 9 日

起始架号	终止架号	连续割煤时间 /min	停机位置 （架号）	停机时间 /min	停机原因
135	72	45	72	15	满仓
72	13	45	13	19	停泵
13	25	8	25	3	
25	1	80			

生产班次:早班　　时间:2007 年 5 月 10 日

起始架号	终止架号	连续割煤时间/min	停机位置（架号）	停机时间/min	停机原因
101	104	4	104	8	
104	108	6	108	9	
108	119	25	119	5	推溜
119	133	4	133	21	机尾拉架
133	113	25	113	23	满仓
113	93	18	93	4	
93	14	50	14	20	满仓
14	1	30			

生产班次:早班　　时间:2007 年 5 月 14 日

起始架号	终止架号	连续割煤时间/min	停机位置（架号）	停机时间/min	停机原因
15	21	75	21	50	满仓
21	42	45	42	5	
42	135	65			

生产班次:早班　　时间:2007 年 5 月 15 日

起始架号	终止架号	连续割煤时间/min	停机位置（架号）	停机时间/min	停机原因
55	20	25	20	3	
20	16	14	16	1	
16	21	10	21	90	满仓
21	32	15	32	10	
32	135	70	135	10	拉架
135	92	35	92	29	满仓
92	48	26			

生产班次:早班　　时间:2007 年 5 月 16 日

起始架号	终止架号	连续割煤时间/min	停机位置（架号）	停机时间/min	停机原因
25	12	13	12	5	机头工人作业
12	15	11	15	9	
15	31	11	31	19	满仓

生产班次：早班　　时间：2007 年 5 月 16 日

起始架号	终止架号	连续割煤时间/min	停机位置（架号）	停机时间/min	停机原因
31	86	55	86	95	满仓
86	120	30	120	30	机头挂网
120	56	40			

生产班次：早班　　时间：2007 年 5 月 17 日

起始架号	终止架号	连续割煤时间/min	停机位置（架号）	停机时间/min	停机原因
30	78	36	78	48	满仓
78	129	28	129	10	满仓
129	118	16	118	14	端头工人作业
118	109	36	109	32	满仓
109	9	43	9	11	
9	35	19			

生产班次：早班　　割煤方式：　　时间：2007 年 5 月 18 日

起始架号	终止架号	连续割煤时间/min	停机位置（架号）	停机时间/min	停机原因
60	105	25	105	10	
105	135	6	135	9	拉架
135	116	14	116	1	
116	16	111	16	31	满仓
16	20	5	20	15	
20	15	45			

生产班次：早班　　时间：2007 年 6 月 10 日

起始架号	终止架号	连续割煤时间/min	停机位置（架号）	停机时间/min	停机原因
109	15	40	15	35	挂网
15	10	40	10	9	挂网
10	47	21	47	18	挂网
47	122	75	122	2	
122	132	13	132	7	挂网
132	55	20			

采煤机在工作面下端头进刀所需的总时间(包括等待时间)平均为 50 min，在上端头进刀所需的总时间(包括等待时间)平均为 46 min；采煤机在上、下端头的等待时间分别为 15 min 和 9 min，在上端头的等待时间较下端头长，影响上、下端头停机等待的主要因素有端头工人挂网、清理浮煤、推溜等。实测采煤机上行割煤速度平均为 3.32 m/min，下行割煤速度与上行割煤速度相近，平均为 3.33 m/min。

实测移架速度、放煤速度与割煤速度平均值与理论结果的比值分别为1.08、1.38、0.994。移架速度与放煤速度能满足工作面生产能力的要求，而割煤速度偏低，成为制约生产的一个关键环节。

割煤、放煤和移架是工作面推进过程中三个并行又相互制约的工序。采煤机割煤要超前移架一定距离，为 6 m 左右，而移架要超前放煤约 10 m。在三个工序配合过程中，为了保证割煤工序的连续性，要求移架速度和放煤速度都要大于割煤速度，而放煤速度可以小于移架速度。如果前后工序按上述关系相差过小则会造成工序间协调可靠性低，影响生产系统的连续性。同样，如果前面工序速度与后面工序速度相差过大，则不能充分发挥设备的能力。

从实测结果来看，工作面平均移架速度 7.83 m/min，平均放煤速度为 4.95 m/min。$v_{割煤} : v_{移架} : v_{放煤} = 1 : 2.35 : 1.49$，因此工作面支架操作时间与采煤机割煤速度，满足前后工序的协调关系。实测采煤机的最大割煤速度为 4.5 m/min，从所选采煤机的实际能力来看，工作面设备的效能还有较大的提升空间。

7.8　两柱掩护式液压支架综放工作面设备配套合理性分析

工作面生产过程是组成工作面生产系统的各种设备协调运动的过程。从工艺过程来看，除了前面所要求的工作面落煤与运煤能力的协调性、采煤工艺过程的时间协调性外，还要求前后部刮板输送机、支架与采煤机的几何协调性，输送机、转载机、破碎机及胶带机运输能力的协调性，以及人与操作环境的适应性等。

井下实践表明，两柱掩护式液压支架综放工作面设备配套的合理性表现在以下几方面：

(1) ZFG10800/22/38D 型排头支架通过在两柱掩护式液压支架工作面的使用取得了良好的使用效果，主要表现在以下几个方面：支架工作阻力大、初撑力大，改善了顶板的支护效果，限制了顶板的离层和破碎，有效地保证了端头超前支护部位设备和人员安全作业；大大减轻了端头工人劳动强度，工作效率明显提高，改善了工人工作环境。

（2）两柱掩护式液压支架综放工作面使用了德国埃克夫公司生产的世界上最先进的 SL750 型电牵引采煤机，SL750 型电牵引采煤机可根据示范刀的存储数据实现自动化割煤，具有动力强劲、割煤速度快等特点，采煤机最大采高达到 3.94 m，与设计支架最大支护高度相近，为加大综放工作面机采高度，提高综放技术的地质适应性创造了条件。

（3）工作面配套使用了 SGZ-1000/1400 型前后刮板输送机，输送量为 2 000 t/h，刮板链速度为 1.33 m/s，中部槽规格：1 750 mm×1 000 mm×362 mm（长×内宽×高），该输送机具有输送量大、运输速度快等特点，有效保证了工作面的落煤能及时迅速地运输到转载机，提高了工作面的运煤效率。

（4）两柱掩护式液压支架综放工作面使用了具有我国自主知识产权的 140 组 ZF8500/21/40YD 型两柱掩护式电液控放顶煤液压支架，并将电液阀应用在综放设备，大幅度提高了综放工作面自动化水平、工作面效率和安全可靠性。

（5）两柱掩护式液压支架综放工作面配套使用的转载机、破碎机和可伸缩胶带运输机，无论是电机功率，还是运输量都有了较大的提高，这对工作面正常运行，提高工作面的运行效率有了很大的帮助。

（6）东滩煤矿现场试验证明，两柱掩护式液压支架总体设计适应该工作面地质条件和生产环境，满足矿井生产工艺要求，整套装备体现了选型先进、生产能力匹配，具备了自动化程度高、效率高、安全性能好和质量可靠等特点。

参 考 文 献

[1] 樊运策.新世纪中国综放开采技术发展的思考[J].煤矿开采,2003,8(2):7-9.

[2] 吴健.我国放顶煤开采的理论研究与实践[J].煤炭学报,1991,16(3):1-11.

[3] 王家臣,富强.低位综放开采顶煤放出的散体介质流理论与应用[J].煤炭学报,2002,27(4):337-341.

[4] 王家臣,杨建立,刘颢颢,等.顶煤放出散体介质流理论的现场观测研究[J].煤炭学报,2010,35(3):353-356.

[5] 王家臣,张锦旺.综放开采顶煤放出规律的 BBR 研究[J].煤炭学报,2015,40(3):487-493.

[6] 宋选民,靳钟铭,康天合.放顶煤开采顶煤冒放性影响规律研究[J].山西矿业学院学报,1995,13(3):264-271.

[7] 刘长友,黄炳香,吴锋锋,等.综放开采顶煤破断冒放的块度理论及应用[J].采矿与安全工程学报,2006,23(1):56-61.

[8] 吴健,张勇.综放采场支架-围岩关系的新概念[J].煤炭学报,2011,26(4):350-355.

[9] 靳钟铭,牛彦华,魏锦平,等."两硬"条件下综放面支架围岩关系[J].岩石力学与工程学报,1998,17(5):514-520.

[10] 刘长友,钱鸣高,曹胜根.采场直接顶对支架与围岩关系的影响机制[J].煤炭学报,1997,22(5):471-476.

[11] 刘长友,杨培举,丁斌.两柱掩护式综放支架与围岩相互作用相似模拟研究[J].中国矿业大学学报,2011,40(2):167-173.

[12] 杨胜利,张鹏,李福胜,等.急倾斜厚煤层水平分层综放工作面支架载荷确定[J].煤炭科学技术,2010,38(11):37-40.

[13] 张幼振.急斜煤层综放开采支架围岩关系的研究[D].西安:西安科技大学,2004.

[14] 张顶立,钱鸣高,翟明华,等.综放工作面覆岩结构型式及矿压显现[J].矿山压力与顶板管理,1994(4):13-19.

[15] 钱鸣高,缪协兴,何富连.采场"砌体梁"结构的关键块分析[J].煤炭学报,

1994,19(6):557-663.

[16] 邢玉章.综放采场矿压显现异常机理的研究[D].泰安:山东科技大学,2001.

[17] 杨德玉.安全高效矿区建设[M].徐州:中国矿业大学出版社,2008.

[18] 王国法.综采放顶煤技术发展与新型放顶煤液压支架[J].煤矿开采,1996(4):18-21.

[19] 刘长友,金太.放顶煤液压支架的动态承载特征及可靠性分析[J].矿山压力与顶板管理,2005(1):1-5.

[20] 金太.综放开采煤岩动态破坏规律及支架合理架型研究[D].徐州:中国矿业大学,2003.

[21] 王国法.两柱掩护式放顶煤液压支架设计研究[J].煤炭科学技术,2003,31(4):36-38.

[22] 杨培举,刘长友,金太.两柱掩护式综放支架的承载规律及工艺研究[J].采矿与安全工程学报,2010,27(4):512-516.

[23] 杨培举,刘长友,韩纪志,等.平衡千斤顶对放顶煤两柱掩护支架适应性的作用[J].采矿与安全工程学报,2007,24(3):278-281.

[24] 王金华.中国煤矿现代化开采技术装备现状及其展望[J].煤炭科学技术,2011,39(1):1-5.

[25] 王国法.煤炭综合机械化开采技术与装备发展[J].煤炭科学技术,2013,41(9):44-49.

[26] 罗志鸿.美国煤矿长壁工作面近年发展趋势[J].煤炭科学技术,1992(4):53-55.

[27] 王国法,翟桂武,徐旭升,等.JOY8670-2.4/5.0型支架稳定性分析[J].煤炭科学技术,2001,29(5):56-63.

[28] 徐忠正,郭建廷.支撑掩护式液压支架在非对称载荷下的受力分析[J].煤炭学报,1990,15(2):56-63.

[29] 王国法.两柱掩护式液压支架顶梁机械限位装置的设计[J].煤矿机械,1991(5):7-10.

[30] 殷志祥,刘明新,王春洁.液压支架压架试验的计算机模拟研究[J].工程力学,1996,13(3):17-20.

[31] 朱华.液压支架外载荷测算方法研究[J].中国矿业大学学报,1997,26(4):91-4.

[32] 宋世贵.关于掩护式支架平衡千斤顶推拉力计算方法的探讨[J].煤矿机械,1993(4):23-26.

[33] 曹胜根,钱鸣高,缪协兴,等.综放开采端面顶板稳定性的数值模拟研究[J].岩石力学与工程学报,2000,19(4):472-475.

[34] 刘长友,曹胜根,方新秋.采场支架围岩关系及其监测控制[M].徐州:中国矿业大学出版社,2003.

[35] 张海戈.综放开采顶煤活动机理与端面稳定控制的研究[D].北京:中国矿业大学(北京),1994.

[36] 李鸿昌.矿山压力的相似模拟试验[M].徐州:中国矿业大学出版社,1988.

[37] 周楚良.矿山压力实测技术[M].徐州:中国矿业大学出版社,1988.

[38] 耿欧.综放采场支架结构力学特性分析[D].徐州:中国矿业大学,2001.

[39] 刘奎.两柱掩护式放顶煤液压支架动态稳定性研究[D].徐州:中国矿业大学,2006.

[40] 杨培举.两柱掩护式综放液压支架与围岩关系及其适应性研究[D].徐州:中国矿业大学,2009.

[41] 方新秋,钱鸣高.支架架型对综放顶板稳定性的影响[J].辽宁工程技术大学学报,2004,23(5):581-584.

[42] 丁绍南.两柱掩护式液压支架柱窝位置的估算方法[J].辽宁工程技术大学学报,1990,9(3):101-104.

[43] 耿东锋,王启广,李琳.我国综合机械化采煤装备的现状与发展趋势[J].矿山机械,2008,36(12):1-6.

[44] 韩银中,赵建民.放顶煤支架挑梁机构损坏的原因及补救措施[J].矿业安全与环保,2002,29(1):49-52.

[45] 任保才,李志刚,张天顺."三软"不稳定煤层综采放顶煤支架的改造设计[J].煤矿机械,2002(2):51-53.

[46] 黄福昌.兖州矿区综放开采技术与成套设备[M].北京:煤炭工业出版社,2002.

[47] 殷建生.两柱支掩式支架端面顶板冒落的控制及其改进[D].徐州:中国矿业大学,1986.

[48] 刘双跃.综采工作面直接顶稳定性研究及控制[D].徐州:中国矿业大学,1988.

[49] 钱鸣高,刘双跃,殷建生.综采工作面支架与围岩相互作用关系的研究[J].矿山压力与顶板管理,1989(2):1-8.

[50] 何富连.综采工作面直接顶稳定性与支架-围岩控制论[D].徐州:中国矿业大学,1993.

[51] 康立勋.大同综采工作面端面冒漏及其控制[D].徐州:中国矿业大

学,1994.

[52] 靳钟铭.放顶煤开采理论与技术[M].北京:煤炭工业出版社,2004.

[53] 靳钟铭,张惠轩,宋选民,等.综放采场顶煤变形运动规律研究[J].矿山压力与顶板管理,1992(1):26-31.

[54] 张顶立.放顶煤采煤法顶煤破碎机理及其适用条件的探讨[D].泰安:山东矿业学院,1988.

[55] 闫少宏.放顶煤开采顶煤与顶板活动规律研究[D].北京:中国矿业大学,1995

[56] 闫少宏,孟金锁,吴健.放顶煤开采顶煤分区的力学方法[J].煤炭科学技术,1995,23(12):33-37.

[57] 史元伟.综采工作面液压自移支架与围岩的动态相互作用及支架支承能力研究[C].第2届国际采矿科学技术讨论会论文集.江苏:徐州,1991.

[58] 康立军,史元伟,姚建国.缓倾斜放顶煤支架与顶煤相互作用关系研究[J].矿山压力与顶板管理,1991(1):19-24.

[59] 张可斌,庄玉伦,戴进.论采场支架工作阻力与围岩运动作用机理[M].徐州:中国矿业大学出版社,1999.

[60] 宋振骐,于立仁,陈孟伯,等.采场来压时刻"支架与围岩"的关系[C].煤矿采场矿压讨论会论文选编,煤炭工业部矿压情报中心站,1982:96-108.

[61] 朱德仁,蒋永明.二柱掩护式支架水平力的研究[J].中国矿业大学学报,1990,19(3):1-7.

[62] 尚广来,李志强,姚国平,等.支架水平力对保持端面顶煤完整的作用[J].矿山压力与顶板管理,1997(3-4):52-54.

[63] 董志峰.综放开采顶煤顶板与支架作用关系及新型支架研究[D].北京:中国矿业大学,2002.

[64] 钱鸣高,缪协兴,何富连,等.采场支架与围岩耦合作用机理研究[J].1996,21(1):40-44.

[65] 刘长友.采场直接顶整体力学特性及支架围岩关系的研究[D].徐州:中国矿业大学,1996.

[66] 曹胜根,钱鸣高,刘长友.采场支架—围岩关系新研究[J].煤炭学报,1998,23(6):575-579.

[67] 曹胜根.采场围岩整体力学模型及应用研究[D].徐州:中国矿业大学,1999.

[68] 方新秋.综放采场支架—围岩稳定性及控制研究[D].徐州:中国矿业大学,2002.

[69] 吴健,闫少宏.确定综放面支架工作阻力的基本概念[J].矿山压力与顶板管理,1995(3-4):69-71.

[70] 黄侃.软煤层综放开采支架—围岩系统力学作用及其端面稳定性研究[D].北京:中国矿业大学,2002.

[71] 靳钟铭,牛彦华,魏锦平,等."两硬"条件下综放面支架围岩关系[J].岩石力学与工程学报,1998,17(5):514-520.

[72] 张可斌,戴进,赵辉.支架初撑力与上覆岩层运动作用机理[J].矿山压力与顶板管理,1995(3-4):44-47.

[73] 于海勇,吴键.放顶煤开采理论与实践[M].徐州:中国矿业大学出版社,1992.

[74] 于海勇,阎保金.放顶煤综采工作面支架受力研究[J].岩石力学与工程学报,1994,13(3):261-269.

[75] 钱鸣高.顶板与架型关系的初步分析[J].煤炭科学技术,1979(7):6-12.

[76] 肖盛泉,梁发寿.ZY35型支撑掩护式液压支架对中等稳定和比较破碎顶板的适应性[J].煤炭科学技术,1980(11):35-40.

[77] 武蕴涛.ZY400—1.8/3.8型支撑掩护式液压支架的适应性[J].煤矿机电,1987(6):46-47.

[78] 庄玉伦.综采工作面顶板动态与液压支架适应性分析[J].煤炭科学技术,1995,23(5):52-55.

[79] 钱鸣高.两柱支掩式支架适应性研究[J].中国矿业大学学报,1985(3):1-11.

[80] 周永昌.掩护式液压支架力学特性的初步分析[J].煤炭学报,1981(5):1-17.

[81] 鲍海山,史元伟.按液压支架选型要求确定顶板分类[J].煤炭科学技术,1978(1):13-17.

[82] 刘长友,万志军,曹胜根.直接顶岩层力学特性对综放采场煤岩破坏的影响规律[J].矿山压力与顶板管理,2002(1):64-66.

[83] 高峰,钱鸣高,缪协兴.采场支架工作阻力与顶板下沉量类双曲线关系的探讨[J].岩石力学与工程学报,1999,18(6):658-662.

[84] 兖矿集团有限公司.两柱掩护式综采放顶煤液压支架研究[R].济宁:兖矿集团公司,2005.

[85] 何富连.综采工作面直接顶稳定性与支架-围岩控制论[D].徐州:中国矿业大学,1993.

[86] 何富连,钱鸣高,孟祥荣.综采工作面直接顶松散漏顶及其控制[J].矿山压

力与顶板管理,1993(3-4):49-54.

[87] 石平五.论采场支架的作用及其与围岩的关系[J].西安科技大学学报,
1983(1):54-62.

[88] 姜福兴.放顶煤采场的顶板结构形式与支架围岩关系探讨[J].煤矿现代
化,1995(1):33-35

[89] 钱鸣高.砌体梁的"S-R"稳定及其应用[J].矿山压力与顶板管理,1994(3):
6-10.

[90] 王国彪.掩护支架平衡千斤顶损坏原因的探讨[J].东北煤炭技术,1994
(2):17-20.

[91] 高荣,王国彪,高秋捷,等.掩护式液压支架平衡千斤顶优化设计的研究
[J].煤炭科学技术,1994,22(12):36-40.